石油企业岗位练兵手册

石油钻井工

大庆油田有限责任公司 编

石 油 工 业 出 版 社

图书在版编目（CIP）数据

石油钻井工/大庆油田有限责任公司编.
北京：石油工业出版社，2013.10
（石油企业岗位练兵手册）
ISBN 978-7-5021-9778-0

Ⅰ. 石…
Ⅱ. 大…
Ⅲ. 油气钻井-技术手册
Ⅳ. TE2-62

中国版本图书馆 CIP 数据核字（2013）第 218054 号

出版发行：石油工业出版社
　　　　（北京安定门外安华里 2 区 1 号　100011）
　　网　址：http://pip.cnpc.com.cn
　　编辑部：(010) 64523580　发行部：(010) 64523620
经　　销：全国新华书店
印　　刷：北京中石油彩色印刷有限责任公司

2013 年 10 月第 1 版　2013 年 10 月第 1 次印刷
787×1092 毫米　开本：1/32　印张：6.75
字数：156 千字

定价：22.00 元
（如出现印装质量问题，我社发行部负责调换）
版权所有，翻印必究

《石油企业岗位练兵手册》编委会

主　　　任：王建新
副　主　任：赵玉昆
委　　　员：宋　俭　董洪亮　吴景刚　全海涛
　　　　　　戴　莹　王　旭

本书编审组

主　　　编：牟一波
副　主　编：林广庆　王红燕　曹　剑　赵静海
编审组成员：佟蔓蔓　李　艳　曲光远　王洪宽
　　　　　　郑安泰　孙永春　王　钰　赵秀杰
　　　　　　杨科伟

前　言

　　岗位练兵是大庆油田的优良传统，是强化基本功训练、提升员工素质的重要手段。新时期、新形势下，按照全面加强三基工作的有关要求，为进一步强化和规范经常性岗位练兵活动，切实提高基层员工队伍的基本素质，按照"实际、实用、实效"的原则，大庆油田有限责任公司人事部组织编写了《石油企业岗位练兵手册》丛书。围绕提升政治素养和业务技能的要求，本套丛书架构分为基本素养、基础知识、基本技能三部分。基本素养包括企业文化（大庆精神、铁人精神、优良传统）和职业道德等内容，基础知识包括与工种岗位密切相关的专业知识和 HSE 知识等内容，基本技能包括操作技能和常见故障判断处理等内容。本套丛书的编写，严格依据最新行业规范和技术标准，同时充分结合目前专业知识更新、生产设备调整、操作工艺优化等实际情况，具有突出的实用性和规范性的特点，既能作为基层开展岗位练兵、提高业务技能的实用教材，也可以作为员工岗位自学、单位开展技能竞赛的参考资料。

　　希望本套丛书的出版能够为各石油企业有所借鉴，为持续、深入地抓好基层全员培训工作，不断提升员工队伍整体素质,为实现石油企业科学发展提供人力资源保障。同时,也希望广大读者对本套丛书的修改完善提出宝贵意见,以便今后修订时能更好地规范和丰富其内容,为基层扎实有效地开展岗位练兵活动提供有力支撑。

编 者

2013 年 3 月

目　录

第一部分　基本素养

一、企业文化 ································· 1

（一）名词解释 ······························· 1
1. 大庆精神 ······························· 1
2. 铁人精神 ······························· 1
3. 艰苦奋斗的六个传家宝 ············· 1
4. 三老四严 ······························· 2
5. 四个一样 ······························· 2
6. 思想政治工作"两手抓" ············ 2
7. 岗位责任制 ····························· 2
8. 三基工作 ······························· 2
9. 四懂三会 ······························· 2
10. 五条要求 ······························ 2
11. 新时期铁人 ··························· 2
12. 大庆新铁人 ··························· 2

（二）问答 ····································· 2
1. 简述大庆油田名称的由来。 ········ 2
2. 中共中央何时批准大庆石油会战？ ··· 3
3. 什么是"两论"起家？ ··············· 3

4. 什么是"两分法"前进? ………………………………… 3
5. 简述会战时期"五面红旗"及其具体事迹。 …………… 3
6. 大庆投产的第一口油井和试注成功的第一口水井各是什么? ……………………………………………………… 4
7. 会战时期讲的"三股气"是指什么? …………………… 4
8. 什么是"九热一冷"工作法? …………………………… 4
9. 什么是"三一"、"四到"、"五报"交接法? ……… 4
10. 大庆油田原油年产5000万吨以上持续稳产的时间是哪年? …………………………………………………………… 5
11. 中国石油天然气集团公司核心经营管理理念是什么? ……………………………………………………………… 5
12. 中国石油天然气集团公司企业精神是什么? ………… 5
13. 新时期新阶段三基工作的基本内涵是什么? ………… 5
14. "十二五"时期,中国石油天然气集团公司全面推进三基工作新的重大工程的总体思路是什么? ……………… 6
15. 中国石油天然气集团公司全面推进三基工作新的重大工程的主要目标是什么? …………………………………… 6

二、职业道德 ……………………………………………… 6

(一) 名词解释 …………………………………………… 6
1. 道德 ……………………………………………………… 6
2. 职业道德 ………………………………………………… 6
3. 爱岗敬业 ………………………………………………… 6
4. 诚实守信 ………………………………………………… 6
5. 劳动纪律 ………………………………………………… 7
(二) 问答 ………………………………………………… 7
1. 社会主义精神文明建设的根本任务是什么? ………… 7
2. 我国社会主义思想道德建设的基本要求是什么? …… 7

3. 为什么要遵守职业道德? ……………………………… 7
4. 爱岗敬业的基本要求是什么? ………………………… 7
5. 诚实守信的基本要求是什么? ………………………… 8
6. 职业纪律的重要性是什么? …………………………… 8
7. 合作的重要性是什么? ………………………………… 8
8. 奉献的重要性是什么? ………………………………… 8
9. 奉献的基本要求是什么? ……………………………… 8
10. 企业员工应具备的职业素养是什么? ………………… 8
11. 培养"四有"职工队伍的主要内容是什么? ………… 8
12. 如何做到团结互助? …………………………………… 8
13. 职业道德行为养成的途径和方法是什么? …………… 9
14. 中国石油天然气集团公司员工职业道德规范具体内容是什么? ……………………………………………………… 9
15. 对违纪员工的处理原则是什么? ……………………… 9
16. 对员工的奖励包括哪几种? …………………………… 9
17. 对员工的行政处分包括哪几种? ……………………… 10
18. 《中国石油天然气集团公司反违章禁令》有哪些规定? ……………………………………………………………… 10

第二部分 基础知识

一、专业知识 …………………………………………… 11

(一) 名词解释 ………………………………………… 11

1. 井深 …………………………………………………… 11
2. 井身结构 ……………………………………………… 11
3. 方入、方余 …………………………………………… 11
4. 钻进周期 ……………………………………………… 11
5. 机械钻速 ……………………………………………… 11

6. 完井周期 ……………………………………… 11
7. 建井周期 ……………………………………… 11
8. 钻机台月 ……………………………………… 11
9. 井控 …………………………………………… 12
10. 油气侵 ………………………………………… 12
11. 溢流 …………………………………………… 12
12. 井涌 …………………………………………… 12
13. 井喷 …………………………………………… 12
14. 压井 …………………………………………… 12
15. 井喷失控 ……………………………………… 12
16. 一次井控 ……………………………………… 12
17. 二次井控 ……………………………………… 12
18. 三次井控 ……………………………………… 12
19. 硬关井 ………………………………………… 12
20. 软关井 ………………………………………… 12
21. 静液压力 ……………………………………… 13
22. 地层压力 ……………………………………… 13
23. 地层破裂压力 ………………………………… 13
24. 抽汲压力 ……………………………………… 13
25. 激动压力 ……………………………………… 13
26. 井底压力 ……………………………………… 13
27. 井底压差 ……………………………………… 13
28. 循环压力损失 ………………………………… 13
29. 井漏 …………………………………………… 13
30. 井斜 …………………………………………… 13
31. 井斜角 ………………………………………… 13
32. 方位角 ………………………………………… 13

33. 钻柱中和点 ……………………………… 13
34. 定向井 …………………………………… 14
35. 定向井的垂深 …………………………… 14
36. 斜深 ……………………………………… 14
37. 造斜点 …………………………………… 14
38. 目的层 …………………………………… 14
39. 靶区半径 ………………………………… 14
40. 靶心距 …………………………………… 14
41. 工具面 …………………………………… 14
42. 钻井取心 ………………………………… 14
43. 岩心 ……………………………………… 14
44. 穿大绳 …………………………………… 14
45. 卡钻 ……………………………………… 14
46. 粘吸卡钻 ………………………………… 14
47. 沉砂卡钻 ………………………………… 15
48. 砂桥卡钻 ………………………………… 15
49. 坍塌卡钻 ………………………………… 15
50. 泥包卡钻 ………………………………… 15
51. 排量 ……………………………………… 15
52. 泵压 ……………………………………… 15
53. 泵的冲次 ………………………………… 15
54. 泵的有效功率 …………………………… 15
55. 盖层 ……………………………………… 15
56. 钻时录井 ………………………………… 15
57. 井斜变化率 ……………………………… 15
58. 方位变化率 ……………………………… 16
59. 水平位移 ………………………………… 16

60. 全变化角 ································ 16
61. 井眼曲率 ································ 16
62. 垂深 ···································· 16
63. 异常高压 ································ 16
64. 异常低压 ································ 16
65. 压力系数 ································ 16
66. 设备 ···································· 16
67. 红旗设备 ································ 16
68. 设备型号 ································ 16
69. 设备寿命 ································ 16
70. 设备使用规程 ···························· 17
71. 设备操作规程 ···························· 17
72. 设备维护规程 ···························· 17
73. 日常点检 ································ 17
74. 定期检查 ································ 17
75. 设备维护 ································ 17
76. 例行保养（例保）························ 17
77. 日常保养（日保）························ 17
78. 一级保养 ································ 17
79. 二级保养 ································ 17
80. 设备修理 ································ 17
81. 修理周期 ································ 17
82. 事后修理 ································ 18
83. 润滑 ···································· 18
84. 按质换油 ································ 18
85. 润滑图表 ································ 18
86. 软化水 ·································· 18

87. 备件 …… 18
88. 配件 …… 18
89. 设备运行记录 …… 18
90. 设备技术状况 …… 18
91. 计划预修制 …… 18
92. 润滑剂 …… 18
93. 润滑脂 …… 18
94. 钻具 …… 18
95. 方钻杆 …… 19
96. 钻杆 …… 19
97. 钻铤 …… 19
98. 接头 …… 19
99. 钻具组合（钻具配合） …… 19
100. 下部钻具组合 …… 19
101. 钻柱 …… 19
102. （刚性）满眼钻具 …… 19
103. 塔式钻具 …… 19
104. 钟摆钻具 …… 19
105. 井下三器 …… 19
106. 稳定器 …… 19
107. 减振器 …… 20
108. 震击器 …… 20
109. 井口工具 …… 20
110. 钻井工序 …… 20
111. 套补距 …… 20
112. 井场 …… 20
113. 指重表 …… 20

114. 钻进	20
115. 钻进参数	20
116. 钻压	20
117. 悬重和钻重	20
118. 转速	20
119. 流量（排量）	20
120. 开钻	21
121. 完钻	21
122. 送钻	21
123. 进尺	21
124. 钻时	21
125. 划眼	21
126. 扩眼	21
127. 蹩钻	21
128. 跳钻	21
129. 停钻	21
130. 顿钻	21
131. 溜钻	21
132. 打倒车	21
133. 通井	21
134. 放空	21
135. 吊打	21
136. 纠斜	21
137. 钻水泥塞	22
138. 缩径	22
139. 井径扩大	22
140. 单根	22

141. 双根 ………………………………………… 22
142. 立根（立柱） ………………………………… 22
143. 吊单根 ………………………………………… 22
144. 接单根 ………………………………………… 22
145. 起下钻 ………………………………………… 22
146. 短起下钻 ……………………………………… 22
147. 活动钻具 ……………………………………… 22
148. 甩钻具 ………………………………………… 22
149. 换钻头 ………………………………………… 22
150. 灌钻井液 ……………………………………… 22
151. 钻头行程 ……………………………………… 22
152. 循环钻井液 …………………………………… 22
153. 循环周 ………………………………………… 22
154. 造斜 …………………………………………… 22
155. 增斜 …………………………………………… 23
156. 降斜 …………………………………………… 23
157. 稳斜 …………………………………………… 23
158. 造斜工具 ……………………………………… 23
159. 弯接头 ………………………………………… 23
160. 井底动力钻具 ………………………………… 23
161. 涡轮钻具 ……………………………………… 23
162. 螺杆钻具 ……………………………………… 23
163. 定向接头 ……………………………………… 23
164. 无磁钻铤 ……………………………………… 23
165. 测深 …………………………………………… 23
166. 钻井 …………………………………………… 23
167. 固井 …………………………………………… 23

168. 套管附件 ·················· 23
169. 引鞋 ····················· 23
170. 套管鞋 ··················· 24
171. 浮鞋 ····················· 24
172. 浮箍 ····················· 24
173. 承托环（阻流环）··········· 24
174. 胶塞 ····················· 24
175. 扶正器 ··················· 24
176. 刚性扶正器 ··············· 24
177. 联顶节 ··················· 24
178. 套管 ····················· 24
179. 套管程序 ················· 24
180. 表层套管 ················· 24
181. 技术套管 ················· 24
182. 生产套管（油层套管）······· 24
183. 套管柱 ··················· 24
184. 套管短节 ················· 25
185. 套管头 ··················· 25
186. 吊卡 ····················· 25
187. 吊环 ····················· 25
188. 吊钳 ····················· 25
189. 卡瓦 ····················· 25
190. 安全卡瓦 ················· 25
191. 滚子方补心 ··············· 25
192. 提升短节 ················· 25
193. 死绳 ····················· 26
194. 鼠洞 ····················· 26

195. 小鼠洞 ································· 26

196. 拉猫头 ································· 26

197. 钻具刺穿 ······························· 26

198. 憋泵 ··································· 26

199. 钻井工程班报表 ······················· 26

200. 钻头记录 ······························· 26

201. 钻具记录 ······························· 26

202. 钻头 ··································· 26

203. 钻头总进尺 ···························· 26

204. 钻头纯钻进时间 ······················· 26

205. 尾管 ··································· 26

206. 筛管 ··································· 27

207. 井架 ··································· 27

208. 落鱼 ··································· 27

209. 鱼顶 ··································· 27

（二）问答 ································· 27

1. 司钻岗位职责是什么？ ················· 27
2. 司钻岗位巡回路线是什么？ ············ 28
3. 司钻在岗工作时间要进行哪三次巡回检查？ ········ 28
4. 井控"四、七"动作司钻岗位职责有哪些？ ········ 28
5. 钻机的基本功用有哪些？ ············· 28
6. 钻机的八大系统是什么？ ············· 29
7. PDC 钻头的工作特点及优点是什么？ ·········· 29
8. 钻头下井前应当做哪些检查？ ········ 29
9. 卡钻的主要类型有哪几种？ ·········· 30
10. 井控设备的功用有哪些？ ············ 30
11. 节流管汇的功用有哪些？ ············ 30

· 11 ·

12. 压井管汇的功用有哪些? …………………… 31
13. 井架的主要作用有哪些? …………………… 31
14. 井架的类型有哪几种? ……………………… 31
15. 常用钻头按类型分为哪几种? ……………… 31
16. 套管扶正器的作用有哪些? ………………… 32
17. 钻井泵空气包对充气气体有何要求? ……… 32
18. 下部钻具弯曲对井斜有何影响? …………… 32
19. 自锁常规长筒取心接单根操作要点是什么? …… 32
20. 取心钻进过程包括哪些环节? ……………… 32
21. 钻具在井下受哪些作用? …………………… 33
22. 下套管前钻井地面设备准备、检查的内容是什么?
 …………………………………………………… 33
23. 螺杆钻具的工作原理是什么? ……………… 33
24. 螺杆钻具旁通阀的作用是什么? …………… 33
25. 复杂井通井划眼的方法有几种?具体的做法是什么?
 …………………………………………………… 33
26. 穿大绳有几种方法?各种方法的优缺点有哪些?
 …………………………………………………… 34
27. 滚子方补心的使用技术要求主要有哪些? ……… 34
28. 闸板防喷器手动锁紧装置的作用是什么? ……… 34
29. 固井水泥返高不够的原因有哪些? ………… 35
30. 井队搬迁之前查看井场井位都包括哪些内容? … 35
31. 设备已拆卸完,准备搬迁前还有哪些细小的工作要考虑? ……………………………………………… 35
32. 井队搬迁之前查看路情都包括哪些内容? ……… 35
33. 绞车的刹车包括主刹车和辅助刹车其主要功用是什么? ………………………………………………… 36

34. 下钻时大绳打扭是何原因？怎么处理？ ………… 36
35. 发现溢流为什么要迅速关井？ ……………………… 36
36. 激动压力和抽汲压力主要受哪些因素影响？ …… 37
37. 溢流发生的原因有哪些？ …………………………… 37
38. 钻进过程中发生溢流的直接显示有哪些？ ……… 37
39. 起下钻时发生溢流的直接显示有哪些？ ………… 37
40. 发生溢流时软关井的优点和缺点有哪些？ ……… 37
41. 硬关井的优点和缺点有哪些？ …………………… 38
42. 起下钻杆时的关井程序是什么？ ………………… 38
43. 钻进时的关井程序是什么？ ………………………… 38
44. 什么是司钻法压井？ ………………………………… 38
45. 天然气侵入井内的方式有哪些？ ………………… 39
46. 水龙头上、下扶正轴承处唇形密封件的装配方法和作用是什么？ ………………………………………… 39
47. 闸板防喷器能否长期关井作业？理由是什么？ … 39
48. 远程控制台电泵和气泵分别在什么时候使用？ … 39
49. 节流管汇的功用是什么？ …………………………… 40
50. 手动平板阀在关闭操作时为什么最后要回旋 1/4~1/2 圈？ ……………………………………………… 40
51. 井控设备在什么时候进行常规开关活动检查？ … 40
52. 现场井控设备整体试压时，闸板封井器的高压试验技术指标内容是什么？ ………………………………… 40
53. 发生卡钻事故后如何处理？ ……………………… 40
54. 钻井中影响钻井液性能的地质因素有哪些？ …… 41
55. 钻井过程中对油气层的伤害有哪些？ …………… 41
56. 油层伤害的类型有哪些？ …………………………… 41
57. 钻井泵轴承温度过高应检查哪些位置？ ………… 41

58. 下套管时向套管内灌钻井液的目的是什么？ …… 42
59. 高压管汇安装前应做哪些检查？ …… 42
60. 引起抽汲的原因有哪些？ …… 42
61. 为什么起钻容易发生井喷？ …… 42
62. 抽汲和溢流的主要区别有哪些？ …… 42
63. 远程控制台应如何摆放？ …… 42
64. 目前钻井施工中都用了哪些主要固控设备？ …… 43
65. 振动筛筛布上的目数是怎么测量计算的？ …… 43
66. 电测遇阻通常都采用哪些办法通井？ …… 43
67. 钻进中泵压下降是何原因？ …… 43
68. 钻井泵正常运转的基本要点是什么？ …… 43
69. 红旗设备的条件是什么？ …… 43
70. 动力设备经济运行的内容是什么？ …… 44
71. 润滑油加注过程"三过滤"的内容是什么？ …… 44
72. 转盘制动块的作用是什么？ …… 44
73. 目前防碰装置有哪几种？ …… 44
74. 防碰装置工作原理是什么？ …… 44
75. 应用电磁涡流刹车的优点是什么？ …… 44
76. 钻井泵皮带轮对中性的调整方法是什么？ …… 45
77. 液压盘刹系统压力的调整步骤是什么？ …… 45
78. 液压盘刹闸瓦与刹车盘间隙的调整方法是什么？ …… 45
79. 液压大钳的操作口诀是什么？ …… 46
80. 下钻时刹车失灵的后果是什么？ …… 46
81. 井架工在二层台工作时使用的敲击信号是什么？代表什么意思？ …… 47
82. 司钻在操作前必须做到五检查、一校对、一了解的

具体内容是什么？ …… 47
83. 绳卡的正确使用方法是什么？ …… 47
84. 起放井架必须遵守哪些规定？ …… 47
85. 为什么在起下钻时要插牢吊卡捎子？ …… 47
86. 场地工岗位任职条件有哪些？ …… 47
87. 场地工岗位职责有哪些？ …… 48
88. 场地工岗位巡回检查线路是什么？ …… 48
89. 场地工交接班内容有哪些？ …… 48
90. 场地工井控工作有哪些？ …… 49
91. 什么是钻具事故？ …… 49
92. 钻具螺纹未上紧，为什么在下钻过程中会被倒开？ …… 49
93. 钻具上下钻台为什么要戴护丝？ …… 49
94. 下钻为什么要涂好螺纹脂？ …… 49
95. 处理断钻具事故的常用工具是什么？ …… 49
96. 什么是落物事故？ …… 50
97. 发生落物事故的原因有哪些？ …… 50
98. 落物事故有何危害性？ …… 50
99. 怎样预防井口落物事故？ …… 50
100. 井的类别如何划分？ …… 51
101. 钻机起升系统由哪些设备组成？ …… 51
102. 什么是卡钻事故？ …… 51
103. 怎样预防落物卡钻？ …… 51
104. 什么叫短路循环卡钻？ …… 52
105. 钻井液短路循环卡钻事故有何危害？ …… 52
106. 什么是粘吸卡钻？ …… 52
107. 粘吸卡钻有何特点？ …… 52

108. 钻井液性能不好，失水量大，对粘吸卡钻有何影响？ ………………………………………………… 52
109. 钻井液中固相含量多，对发生粘吸卡钻有何影响？ ………………………………………………………… 52
110. 发生粘吸卡钻的主要原因是什么？ ……… 52
111. 常用吊环规格有哪些？ ………………… 53
112. 卡瓦的用途有哪些？ …………………… 53
113. 卡瓦类型有哪些？ ……………………… 53
114. 安全卡瓦用途有哪些？ ………………… 53
115. 不同管径安全卡瓦使用节数分别是多少？ ……… 54
116. 吊钳的用途是什么？ …………………… 54
117. 吊钳的类型有哪些？ …………………… 54
118. 井控的主要目的是什么？ ……………… 54
119. 井控工作包括哪些内容？ ……………… 55
120. 井控装置由哪几部分组成？ …………… 55
121. 防喷单根的作用是什么？ ……………… 55
122. 钻具内防喷工具的配备标准有哪些？ ……… 55
123. 井口装置试压有哪两种方法？ ………… 56
124. 什么是允许最大关井压力？ …………… 56
125. 压井为什么要使用小排量？ …………… 56
126. 下套管时套管内为什么要按时灌满钻井液？ …… 57
127. 不同工况下溢流警报，井架工应怎么做？ ……… 57
128. 确定钻井液密度的原则是什么？ ……… 58
129. 副司钻 HSE 职责是什么？ ……………… 58
130. 副司钻岗位巡回检查路线是什么？ …… 58
131. 内钳工接班前的检查路线是什么？ …… 58
132. 内钳工接班前的检查内容是什么？ …… 59

133. 外钳工接班前的检查路线是什么？ ………… 59
134. 外钳工接班前的检查内容是什么？ ………… 60
135. 液压大钳常见故障现象是什么？ …………… 60
136. Q10Y-M型液压大钳的主要组成有哪些？ …… 61
137. 润滑方式有哪些？ ………………………… 61
138. 什么是设备新度系数？ …………………… 61
139. 链轮的报废标准是什么？ ………………… 61
140. 转盘空转试车应检查哪些内容，达到什么标准？
　………………………………………………… 62
141. 气动小绞车的常见故障现象是什么？ ……… 62
142. 绞车常见故障现象有哪些？ ………………… 62
143. XSL系列气动旋扣器常见故障现象是什么？ …… 63
144. XSL系列气动旋扣器马达不转的故障原因是什么？
　………………………………………………… 63
145. XSL系列气动旋扣器压缩空气压力不足或没气的处理方法是什么？ ………………………… 63
146. XSL系列气动旋扣器继气器冻结或损坏的处理方法是什么？ …………………………………… 63
147. XSL系列气动旋扣器齿轮箱内有杂物的处理方法是什么？ ……………………………………… 63
148. 离心泵不上水的主要原因是什么？ ………… 64
149. 旋流器底流呈张开的衣裙状排出或成柱状排出的原因和处理方法是什么？ …………………… 64
150. 水龙带摆动严重的主要原因是什么？ ……… 64
151. 卧式砂泵轴承过热的原因有哪些？ ………… 64
152. 修理天车时天车轮轴承怎样合理安装使用？ …… 64
153. 闸板防喷器封井后观察孔有钻井液溢漏的原因及

处理方法是什么？ …… 64
  154. 水龙头中心管不转或转动不灵活是什么原因？
…… 65

二、HSE 知识 …… 65

（一）名词解释 …… 65
 1. 触电 …… 65
 2. 静电 …… 65
 3. 跨步电压触电 …… 65
 4. 保护接零 …… 65
 5. 保护接地 …… 65
 6. 燃烧 …… 65
 7. 闪燃 …… 65
 8. 自燃 …… 65
 9. 着火 …… 65
 10. 爆燃 …… 65
 11. 爆炸极限 …… 66
 12. 火灾 …… 66
 13. 冷却法 …… 66
 14. 窒息法 …… 66
 15. 隔离法 …… 66
 16. 高空作业 …… 66
 17. 噪声 …… 66
 18. 固体废物 …… 66
 19. 锁定 …… 66
 20. 清洁生产 …… 66
 21. 挂牌 …… 66
 22. 设备事故 …… 67

（二）问答 ·· 67
1. 哪些物质易产生静电？ ···················· 67
2. 物质产生静电的条件是什么？ ············ 67
3. 防止静电有哪几种措施？ ·················· 67
4. 消除静电的方法有几种？ ·················· 67
5. 人体发生触电的原因是什么？ ············ 67
6. 触电分为哪几种？ ·························· 68
7. 触电的现场急救方法主要有几种？ ······ 68
8. 发生人身触电应该怎么办？ ··············· 68
9. 如何使触电者脱离电源？ ·················· 68
10. 预防触电事故的措施有哪些？ ··········· 68
11. 安全用电注意事项有哪些？ ·············· 69
12. 扑救火灾的原则是什么？ ················· 69
13. 油气站库常用的消防器材有哪些？ ····· 70
14. 目前油田常用的灭火器有哪些？ ········ 70
15. 手提式干粉灭火器如何使用？适用哪些火灾的扑救？ ·· 70
16. 使用干粉灭火器的注意事项有哪些？ ·· 70
17. 如何检查管理干粉灭火器？ ·············· 70
18. 如何报火警？ ······························· 71
19. 泵房发生火灾的应急措施有哪些？ ····· 71
20. 油、气、电着火如何处理？ ·············· 71
21. 压力容器泄漏、着火、爆炸的原因及消减措施是什么？ ·· 72
22. 吊卡使用注意事项有哪些？ ·············· 72
23. 为什么要使用防爆电气设备？ ··········· 73
24. 哪些场所应使用防爆电气设备？ ········ 73

25. 有哪些防爆措施? …………………………………… 73
26. 高空作业级别是如何划分的? ………………………… 74
27. 登高巡回检查应注意什么? …………………………… 74
28. 高处坠落的原因是什么? ……………………………… 74
29. 高处坠落的消减措施是什么? ………………………… 74
30. 安全带通常使用期限为几年?几年抽检一次? … 74
31. 使用安全带时有哪些注意事项? ……………………… 75
32. 哪些原因容易导致发生机械伤害? …………………… 75
33. 为防止机械伤害事故,有哪些安全要求? …………… 75
34. 机泵容易对人体造成哪些直接伤害? ………………… 75
35. 哪些伤害必须现场抢救? ……………………………… 75
36. 起下钻过程中井架工有哪些注意事项? ……………… 75
37. 有害气体中毒急救措施有哪些? ……………………… 76
38. 烧烫伤急救要点是什么? ……………………………… 76
39. 触电急救有哪些原则? ………………………………… 77
40. 触电急救要点是什么? ………………………………… 77
41. 如何判定触电伤员呼吸、心跳? ……………………… 77
42. 心肺复苏有效的特征是什么? ………………………… 77
43. 高空坠落急救要点是什么? …………………………… 77
44. 如何进行口对口(鼻)人工呼吸? …………………… 78
45. 如何对伤员进行胸外按压? …………………………… 78
46. 心肺复苏法操作频率有什么规定? …………………… 79
47. 几种危害识别的方法是什么? ………………………… 79
48. PDC 钻头下井之前有哪几点最主要的注意事项?
……………………………………………………………… 79
49. 卡瓦使用注意事项是什么? …………………………… 79
50. 设备的不安全状态主要表现有哪些? ………………… 80

51. 司钻交接班九交九不接有哪些？ ………………… 80
52. 处理卡钻时为什么不能用土坑将原油与钻井液混合？ ……………………………………………………… 81
53. 流血不止怎么办？ ……………………………………… 81
54. 放喷管线出口的位置有什么要求？ ………………… 81
55. 开钻前钻鼠洞时的主要风险有哪些？ ……………… 81
56. 操作井控装置时都有哪些风险？ …………………… 81
57. 钻进作业时通过哪些措施削减岗位风险？ ………… 82
58. 危险辨识的主要环节有哪些？ ……………………… 82
59. 基层作业队主要突发事故应急程序包括哪些？ …… 82
60. 消防演习都有哪些程序？ …………………………… 82
61. 怎样预防静电事故的发生？ ………………………… 83
62. 怎样处理低压触电？ ………………………………… 83
63. 怎样处理高压触电？ ………………………………… 84
64. 硫化氢对人体危害的生理过程是怎样的？ ………… 84
65. 发生火灾时应采取哪些措施？ ……………………… 84
66. 钻井生产会产生哪些噪声？ ………………………… 84
67. 怎样维护保养钻井泵的安全阀？ …………………… 85
68. 操作井控装置时都有哪些风险？ …………………… 85
69. 起下钻时副司钻岗位有哪些风险？ ………………… 85
70. 更换钻井泵缸套和活塞都有哪些作业程序？ ……… 85
71. 更换钻井泵阀座都有哪些作业程序？ ……………… 85
72. 井架工（班组安全员）有什么安全职责？ ………… 86
73. 检查施工现场提出"五不准"的安全要求是什么？ ……………………………………………………… 86

第三部分 基本技能

一、操作技能 ······ 87

1. 钻进中刹把操作 ······ 87
2. 起下钻作业司钻刹把操作 ······ 88
3. 司钻下套管作业操作 ······ 90
4. 校正指重表的操作 ······ 91
5. 更换绞车刹车块操作 ······ 92
6. 更换转盘链条操作 ······ 93
7. 更换离合器气囊操作 ······ 94
8. 调整刹把的程序操作 ······ 95
9. 更换死绳固定器操作 ······ 96
10. 更换水龙头操作 ······ 97
11. 更换大绳操作 ······ 98
12. 更换转盘离合器气囊操作(大庆Ⅱ-130型) ······ 99
13. 测定钻井液密度操作 ······ 100
14. 测定钻井液漏斗黏度的操作 ······ 101
15. 启动与运转钻井泵操作 ······ 101
16. 启动振动筛操作 ······ 103
17. 更换钻井泵缸套操作 ······ 104
18. 更换钻井泵活塞操作 ······ 105
19. 更换钻井泵阀座操作 ······ 105
20. 远程控制台上实施关井操作 ······ 106
21. 使用振动筛操作 ······ 107
22. 安装封井器操作 ······ 108
23. 检查钻杆操作 ······ 109
24. 检查套管操作 ······ 110

25. 丈量钻具、套管操作 …………………………… 111
26. 填写钻井工程班报表操作 ……………………… 112
27. 接单根的操作 …………………………………… 113
28. 起下钻外钳工井口操作 ………………………… 114
29. 起下钻内钳工井口操作 ………………………… 115
30. 内钳工起下钻铤作业 …………………………… 117
31. 外钳工起下钻铤作业 …………………………… 119
32. 装卸钻头的操作 ………………………………… 121
33. 内钳工下套管操作 ……………………………… 122
34. 外钳工下套管操作 ……………………………… 124
35. 内钳工甩钻具操作 ……………………………… 127
36. 外钳工甩钻具操作 ……………………………… 129
37. 使用吊卡操作 …………………………………… 131
38. 使用卡瓦操作 …………………………………… 132
39. 使用安全卡瓦操作 ……………………………… 133
40. 使用液压千斤顶操作 …………………………… 133
41. 使用压杆式黄油枪操作 ………………………… 134
42. 使用钢锯操作 …………………………………… 135
43. 检查绞车操作 …………………………………… 136
44. 保养绞车操作 …………………………………… 137
45. 安装滑轮操作 …………………………………… 137
46. 安装吊钳操作 …………………………………… 139
47. 检查 B 形吊钳操作 ……………………………… 139
48. 检查液压大钳操作 ……………………………… 141
49. 保养液压大钳操作 ……………………………… 142
50. 检查液压大钳液压工作站操作 ………………… 144
51. 更换 B 形大钳和液压大钳钳牙操作 …………… 145

52. 检查保养游车大钩操作 ………………………… 146
53. 检查保养转盘操作 ……………………………… 147
54. 使用气动小绞车操作 …………………………… 148
55. 起钻二层平台操作 ……………………………… 149
56. 下钻二层平台操作 ……………………………… 150
57. 使用辅助刹车操作 ……………………………… 151
58. 检查、使用正压式呼吸器操作 ………………… 152
59. 更换水龙头冲管操作 …………………………… 153
60. 常用接头识别操作 ……………………………… 154
61. 检查、使用干粉灭火器操作 …………………… 155
62. 填写现场工程资料操作 ………………………… 156
63. 检查钻具操作 …………………………………… 157
64. 钻具、套管入井操作 …………………………… 157

二、常见故障判断处理 …………………………… 158

1. 导气龙头故障的原因有哪些？如何处理？ 158
2. 转盘离合器的气路故障现象有哪些？故障原因有哪些？如何处理？ …………………………………………… 158
3. 滚筒故障的原因有哪些？如何处理？ ………… 159
4. 离合器故障有什么现象？故障的原因有哪些？如何处理？ …………………………………………… 159
5. 快速放气阀故障有什么现象？故障的原因有哪些？如何处理？ …………………………………………… 160
6. 手柄调压阀故障的原因有哪些？如何处理？ …… 160
7. 高、低速离合器故障有什么现象？故障的原因有哪些？如何处理？ ………………………………………… 161
8. 电驱动绞车故障有什么现象？故障的原因有哪些？如何处理？ …………………………………………… 161

9. 压力表的压力下降．排量减小或完全不排钻井液的原因和处理方法是什么？……………………………… 162

10. 液体排出压力不均匀，压力表指针摆动幅度大的原因和处理方法是什么？……………………………… 163

11. 缸套处有剧烈的敲击声的原因和处理方法是什么？
…………………………………………………………… 163

12. 阀盖、缸盖及缸套密封处报警孔漏钻井液的原因和处理方法是什么？…………………………………… 163

13. 排出空气包充不进气体或充气后很快泄漏的原因和处理方法是什么？…………………………………… 164

14. 柴油机负荷大的原因和处理方法是什么？……… 164

15. 动力端、轴承、十字头等运动摩擦部位温度异常的原因和处理方法是什么？……………………………… 164

16. 动力端、轴承、十字头等处有异常响声的原因和处理方法是什么？…………………………………… 165

17. 振动筛排砂异常时有什么现象？这是什么原因？怎么处理？………………………………………………… 165

18. 振动筛有时候会发生跑钻井液的故障，原因是什么？怎么处理？……………………………………… 165

19. 液压大钳钳头不动的故障原因是什么？处理方法是什么？………………………………………………… 166

20. 液压大钳无空挡故障原因是什么？处理方法是什么？……………………………………………………… 167

21. 液压大钳有高低挡出现故障原因是什么？处理方法是什么？……………………………………………… 167

22. 液压大钳换挡不换速故障原因是什么？处理方法是什么？………………………………………………… 167

23. 液压大钳上钳不转故障原因是什么？处理方法是什么？ ······ 168

24. 液压大钳只有一个转速故障原因是什么？处理方法是什么？ ······ 168

25. 液压大钳钳头转速不够故障原因是什么？处理方法是什么？ ······ 169

26. 液压大钳钳头打滑故障原因是什么？处理方法是什么？ ······ 169

27. 液压大钳扭矩达不到故障原因是什么？处理方法是什么？ ······ 169

28. 液压大钳液压钳头转动故障原因和处理方法是什么？ ······ 170

29. 气动小绞车提升重量不够的原因和处理方法是什么？ ······ 170

30. 气动小绞车修理后启动困难的原因和处理方法是什么？ ······ 171

31. 气动小绞车气马达运转有异常响声的原因和处理方法是什么？ ······ 171

32. 气动小绞车刹车失灵的故障原因是什么？处理方法是什么？ ······ 171

33. 气动小绞车从内齿圈漏失润滑油故障原因及处理方法是什么？ ······ 172

34. 气动小绞车的气马达过热故障原因及处理方法是什么？ ······ 172

35. 气动小绞车离合器端盖异常发热故障原因及处理方法是什么？ ······ 172

36. 天车、游车滑轮轴承发热温度在70℃以上的原因

是什么？处理方法是什么？ ………………………………… 172

　　37. 转盘的常见故障现象、原因和处理方法是什么？
………………………………………………………………… 173

　　38. 绞车的刹把刹到最低位置刹不住车的故障原因及处理方法是什么？ ………………………………………… 174

　　39. 绞车的刹车气缸不灵故障原因是什么？处理方法是什么？ …………………………………………………… 175

　　40. 绞车未挂离合器猫头轴就转动故障原因及处理方法是什么？ ……………………………………………… 175

　　41. 大钩提升时有打滑现象故障原因及处理方法是什么？ ……………………………………………………… 175

　　42. 转盘旋转缓慢、转盘或滚筒开动不灵的原因和处理方法是什么？ ………………………………………… 176

　　43. 在无载荷时大钩下降缓慢故障原因及处理方法是什么？ …………………………………………………… 176

　　44. 绞车挂挡失灵故障原因是什么？处理方法是什么？
………………………………………………………………… 176

　　45. 绞车润滑油温度超标的故障原因和处理方法是什么？ ……………………………………………………… 177

　　46. 绞车有异常响声故障原因是什么？处理方法是什么？ ……………………………………………………… 177

　　47. 绞车漏油的故障原因是什么？处理方法是什么？
………………………………………………………………… 178

　　48. XSL 系列气动旋扣器旋扣时达不到额定扭矩的原因和处理方法是什么？ ………………………………… 178

　　49. 旋扣器马达转动有力方钻杆不转的故障原因和处理方法是什么？ ………………………………………… 179

50. 振动筛产生跳动、移动和噪声是什么原因，如何处理? ……………………………………………………… 179

51. 振动筛跑钻井液的原因是什么，如何处理? …… 179

52. 振动筛不能正常排出岩屑的原因是什么？如何处理? ……………………………………………………… 180

53. 旋流器底流为粗固相液流并成绳状排出是什么原因？如何排除? ……………………………………… 180

54. 液压大钳上卸扣时上钳或下钳打滑故障原因及处理方法是什么? ………………………………………… 180

第一部分 基本素养

一、企业文化

(一) 名词解释

1. 大庆精神：为国争光、为民族争气的爱国主义精神；独立自主、自力更生的艰苦创业精神；讲究科学、"三老四严"的求实精神；胸怀全局、为国分忧的奉献精神。

2. 铁人精神："为国分忧、为民族争气"的爱国主义精神；为"早日把中国石油落后的帽子甩到太平洋里去"，"宁肯少活20年，拼命也要拿下大油田"的忘我拼搏精神；为干革命"有条件要上，没有条件创造条件也要上"的艰苦奋斗精神；"要为油田负责一辈子"，"干工作要经得起子孙后代检查"，对技术精益求精，为革命"练一身硬功夫、真本事"的科学求实精神；"甘愿为党和人民当一辈子老黄牛"，不计名利，不计报酬，埋头苦干的奉献精神。

3. 艰苦奋斗的六个传家宝："人拉肩扛"精神，"干打垒"精神，"五把铁锹闹革命"精神，"缝补厂"精神，"回收队"精神，"修旧利废"精神。

4. 三老四严：对待革命事业，要当老实人，说老实话，办老实事；对待工作，要有严格的要求，严密的组织，严肃的态度，严明的纪律。

5. 四个一样：黑天和白天一个样，坏天气和好天气一个样，领导不在场和领导在场一个样，没有人检查和有人检查一个样。

6. 思想政治工作"两手抓"：抓生产从思想入手，抓思想从生产出发。这是大庆正确处理思想政治工作与经济工作关系的基本原则，也是大庆思想政治工作的一条基本经验。

7. 岗位责任制：岗位专责制、交接班制、巡回检查制、设备维修保养制、质量负责制、岗位练兵制、安全生产制、班组经济核算制。

8. 三基工作：以党支部建设为核心的基层建设，以岗位责任制为中心的基础工作，以岗位练兵为主要内容的基本功训练。

9. 四懂三会：懂设备性能、懂结构原理、懂操作要领、懂维护保养；会操作，会保养，会排除故障。

10. 五条要求：人人出手过得硬，事事做到规格化，项项工程质量全优，台台在用设备完好，处处注意勤俭节约。

11. 新时期铁人：王启民。

12. 大庆新铁人：李新民。

（二）问答

1. 简述大庆油田名称的由来。

1959年9月26日，建国十周年大庆前夕，位于黑龙江省原肇州县大同镇附近的松基三井喷出了具有工业价值的油流，为了纪念这个大喜大庆的日子，当时黑龙江省委第一书记欧阳钦同志建议将该油田定名为大庆油田。

2. 中共中央何时批准大庆石油会战？

1960年2月13日，石油工业部以党组的名义向中共中央、国务院提出了《关于东北松辽地区石油勘探情况和今后工作部署问题的报告》，1960年2月20日中共中央正式批准大庆石油会战。

3. 什么是"两论"起家？

1960年4月10日，大庆石油会战一开始，会战领导小组就以石油工业部机关党委的名义做出了《关于学习毛泽东同志所著〈实践论〉和〈矛盾论〉的决定》，号召广大会战职工学习毛泽东同志的《实践论》、《矛盾论》和毛泽东同志的其他著作，以马列主义、毛泽东思想指导石油大会战，用辩证唯物主义的立场、观点、方法，认识油田规律，分析和解决会战中遇到的各种问题。广大职工说，我们的会战是靠"两论"起家的。

4. 什么是"两分法"前进？

1964年，《人民日报》发表了《大庆精神大庆人》长篇通讯。毛泽东同志发出了"工业学大庆"的号召。当时，又正值毛泽东同志发表了《加强相互学习，克服固步自封、骄傲自满》。石油工业部党组根据油田实际抓住时机，及时在全体职工中进行了"两分法"教育。"两分法"的主要内容是：在任何时候，对任何事情，都要运用"两分法"。成绩越好，形势越好，越要一分为二。要坚持学"两点论"，反对"一点论"，坚持辩证法，反对形而上学，揭矛盾，找差距，戒骄戒躁，不断前进。

5. 简述会战时期"五面红旗"及其具体事迹。

"五面红旗"喻指大庆石油会战初期涌现的五位先进榜

样：王进喜、马德仁、段兴枝、薛国邦、朱洪昌。钻井队长王进喜带领队伍人拉肩扛抬钻机，端水打井保开钻，在发生井喷的危急时刻，奋不顾身跳下泥浆池，用身体搅拌泥浆制服井喷；钻井队长马德仁在泥浆泵上水管线冻结时，不畏严寒，破冰下泥浆池，疏通上水管线；钻井队长段兴枝在吊车和拖拉机不足的情况下，利用钻机本身的动力设施，解决了钻机搬家的困难；大庆油田第一个采油队队长薛国邦自制绞车，给第一批油井清蜡，又手持蒸汽管下到油池里化开凝结的原油，保证了大庆油田首次原油外运列车顺利起程；工程队队长朱洪昌在供水管线漏水时，用手捂着漏点，忍着灼烧的疼痛，让焊工焊接裂缝，保证了供水工程提前竣工。

6. 大庆投产的第一口油井和试注成功的第一口水井各是什么？

1960年5月16日，大庆第一口油井中7–11井投产；1960年10月18日，大庆油田第一口注水井7排11井试注成功。

7. 会战时期讲的"三股气"是指什么？

对一个国家来讲，就要有民气；对一个队伍来讲，就要有士气；对一个人来讲，就要有志气。三股气结合起来，就会形成强大的力量。

8. 什么是"九热一冷"工作法？

"九热一冷"工作法是大庆石油会战中创造的一种领导工作方法，指在一旬中，九天跑基层了解情况，一天坐下来分析研究工作中的经验教训。

9. 什么是"三一"、"四到"、"五报"交接法？

对重要的生产部位要一点一点地交接、对主要的生产数据要一个一个地交接、对主要的生产工具要一件一件地交接；交接班时应该看到的要看到、应该听到的要听到、应该摸到的要摸到、应该闻到的要闻到；交接班时报检查部位、报部件名称、报生产状况、报存在的问题、报采取的措施，开好交接班会议，会议记录必须规范完整。

10. 大庆油田原油年产5000万吨以上持续稳产的时间是哪年？

1976年至2002年，大庆油田实现原油年产5000万吨以上连续27年高产稳产，创造了世界同类油田开发史上的奇迹。

11. 中国石油天然气集团公司核心经营管理理念是什么？

诚信：立诚守信，言真行实；创新：与时俱进，开拓创新；业绩：业绩至上，创造卓越；和谐：团结协作，营造和谐；安全：以人为本，安全第一。

12. 中国石油天然气集团公司企业精神是什么？

爱国：爱岗敬业，产业报国，持续发展，为增强综合国力作贡献。创业：艰苦奋斗，锐意进取，创业永恒，始终不渝地追求一流。求实：讲求科学，实事求是，"三老四严"，不断提高管理水平和科技水平。奉献：职工奉献企业，企业回报社会、回报客户、回报职工、回报投资者。

13. 新时期新阶段三基工作的基本内涵是什么？

基层建设、基础工作、基本素质。基层建设是以党建、班子建设为主要内容的基层组织和队伍建设，是企业发展的重要保障；基础工作是以质量、计量、标准化、制度、流程等为主要内容的基础性管理，是企业管理的重要着力点；基本素质是以政治素养和业务技能为主要内容的员工素质与能力，是企业综合实力的重要体现。

14. "十二五"时期,中国石油天然气集团公司全面推进三基工作新的重大工程的总体思路是什么?

以科学发展观为指导,紧紧围绕建设综合性国际能源公司战略目标,突出主题主线主旨,坚持以人为本、公平效率,坚持求真务实、与时俱进,更加注重制度的建设和执行,更加注重流程的规范和控制,更加注重管理的绩效和创新,全面提升基层建设、基础管理水平和员工基本素质,为实现集团公司可持续发展奠定坚实基础。

15. 中国石油天然气集团公司全面推进三基工作新的重大工程的主要目标是什么?

基层组织坚强有力,基础管理科学规范,基本素质整体优良,HSE业绩显著提升,发展环境和谐稳定,服务型机关建设成效显著。

二、职业道德

(一) 名词解释

1. 道德: 是调节个人与自我、他人、社会和自然界之间关系的行为规范的总和。

2. 职业道德: 同人们的职业活动紧密联系的、符合职业特点要求的道德准则、道德情操与道德品质的总和。

3. 爱岗敬业: 爱岗就是热爱自己的工作岗位,热爱自己从事的职业;敬业就是以恭敬、严肃、负责的态度对待工作,一丝不苟,兢兢业业,专心致志。

4. 诚实守信: 诚实就是真心诚意,实事求是,不虚假,不欺诈;守信就是遵守承诺,讲究信用,注重质量和信誉。

5. 劳动纪律：用人单位为形成和维持生产经营秩序，保证劳动合同得以履行，要求全体员工在集体劳动、工作、生活过程中，以及与劳动、工作紧密相关的其他过程中必须共同遵守的规则。

（二）问答

1. 社会主义精神文明建设的根本任务是什么？

适应社会主义现代化建设的需要，培育有理想、有道德、有文化、有纪律的社会主义公民，提高整个中华民族的思想道德素质和科学文化素质。

2. 我国社会主义思想道德建设的基本要求是什么？

爱祖国、爱人民、爱劳动、爱科学、爱社会主义。

3. 为什么要遵守职业道德？

职业道德是社会道德体系的重要组成部分，它一方面具有社会道德的一般作用，另一方面它又具有自身的特殊作用，具体表现在：（1）调节职业交往中从业人员内部以及从业人员与服务对象间的关系。（2）有助于维护和提高本行业的信誉。（3）促进本行业的发展。（4）有助于提高全社会的道德水平。

4. 爱岗敬业的基本要求是什么？

（1）要乐业。乐业就是从内心里热爱并热心于自己所从事的职业和岗位，把干好工作当作最快乐的事，做到其乐融融。（2）要勤业。勤业是指忠于职守，认真负责，刻苦勤奋，不懈努力。（3）要精业。精业是指对本职工作业务纯熟，精益求精，力求使自己的技能不断提高，使自己的工作成果尽善尽美，不断地有所进步、有所发明、有所创造。

5. 诚实守信的基本要求是什么?

要诚信无欺,要讲究质量,要信守合同。

6. 职业纪律的重要性是什么?

职业纪律影响到企业的形象,职业纪律关系到企业的成败,遵守职业纪律是企业选择员工的重要标准,遵守职业纪律关系到员工个人事业的成功与发展。

7. 合作的重要性是什么?

合作是企业生产经营顺利进行的内在要求,是从业人员汲取智慧和力量的重要手段,是打造优秀团队的有效途径。

8. 奉献的重要性是什么?

奉献是企业发展的保障,是从业人员履行职业责任的必由之路,有助于创造良好的工作环境,是从业人员实现职业理想的途径。

9. 奉献的基本要求是什么?

(1)尽职尽责。要明确岗位职责,要培养职责情感,要全力以赴工作。(2)尊重集体。以企业利益为重,正确对待个人利益,要树立职业理想。(3)为人民服务。树立为人民服务的意识,培育为人民服务的荣誉感,提高为人民服务的本领。

10. 企业员工应具备的职业素养是什么?

诚实守信、爱岗敬业、团结互助、文明礼貌、办事公道、勤劳节俭、开拓创新。

11. 培养"四有"职工队伍的主要内容是什么?

有理想、有道德、有文化、有纪律。

12. 如何做到团结互助?

(1)具备强烈的归属感。(2)参与和分享。(3)平等尊重。(4) 信任。(5) 协同合作。(6) 顾全大局。

13. 职业道德行为养成的途径和方法是什么?

(1) 在日常生活中培养。从小事做起,严格遵守行为规范;从自我做起,自觉养成良好习惯。(2) 在专业学习中训练。增强职业意识,遵守职业规范;重视技能训练,提高职业素养。(3) 在社会实践中体验。参加社会实践,培养职业道德;学做结合,知行统一。(4) 在自我修养中提高。体验生活,经常进行"内省";学习榜样,努力做到"慎独"。(5) 在职业活动中强化。将职业道德知识内化为信念;将职业道德信念外化为行为。

14. 中国石油天然气集团公司员工职业道德规范具体内容是什么?

(1) 遵守公司经营业务所在地的法律、法规。(2) 认真践行公司精神、宗旨及核心经营管理理念。(3) 遵守公司章程,诚实守信,忠诚于公司。(4) 继承弘扬大庆精神、铁人精神和中国石油优良传统作风。(5) 认真履行岗位职责。(6) 坚持公平公正。(7) 保护公司资产并用于合法目的。(8) 禁止参与可能导致与公司有利益冲突的活动。

15. 对违纪员工的处理原则是什么?

(1) 教育为主、惩罚为辅。(2) 区别情节、分类对待。(3) 实事求是、依法处理。

16. 对员工的奖励包括哪几种?

记功、记大功、晋级、通令嘉奖,授予先进生产(工作)者、劳动模范等荣誉称号。在给予上述奖励时,可以发给一次性奖金。

17. 对员工的行政处分包括哪几种?

警告、记过、记大过、降级、撤职、留用察看、开除。在给予上述行政处分的同时,可以给予一次性罚款。

18.《中国石油天然气集团公司反违章禁令》有哪些规定?

为进一步规范员工安全行为,防止和杜绝"三违"现象,保障员工生命安全和企业生产经营的顺利进行,特制定本禁令。

一、严禁特种作业无有效操作证人员上岗操作;
二、严禁违反操作规程操作;
三、严禁无票证从事危险作业;
四、严禁脱岗、睡岗和酒后上岗;
五、严禁违反规定运输民爆物品、放射源和危险化学品;
六、严禁违章指挥、强令他人违章作业。

员工违反上述禁令,给予行政处分;造成事故的,解除劳动合同。

第二部分 基础知识

一、专业知识

(一) 名词解释

1. 井深: 从转盘面至井底的深度。

2. 井身结构: 井身结构包括套管的层次和下入深度,以及井眼尺寸(钻头尺寸)与套管尺寸的配合。

3. 方入、方余: 在钻进过程中,方钻杆的一部分处在转盘面以下,一部分在转盘面以上,而且随着钻进的进行,转盘面以上的部分不断进入转盘面以下。方钻杆在转盘面以上的长度称为方余。方钻杆在转盘面以下的长度叫方入。

4. 钻进周期: 开钻日期到完钻日期。

5. 机械钻速: 是衡量纯钻进时间内钻井效率的指标。行程钻速(m/h) = 钻井进尺/纯钻进时间。

6. 完井周期: 完钻日期至固井后测完声波变密度测井的时间。

7. 建井周期: 指从钻机搬迁安装到完井为止的全部时间。

8. 钻机台月: 综合反映投入钻井工作的钻机台数和每台

钻机钻井工作时间利用情况的指标。1台钻机钻井工作时间达到30d或720h就算1个钻机台月。

9. 井控：就是采用一定的方法平衡地层孔隙压力，即油气井的压力控制。

10. 油气侵：油气侵是指在井底压力大于地层压力的情况下，岩屑中的油气或水经扩散作用侵入钻井液的现象。

11. 溢流：井口返出的液量大于泵入量，或停泵后井口钻井液自动外溢，这种现象称为溢流。

12. 井涌：溢流进一步发展，钻井液涌出井口的现象称为井涌。

13. 井喷：地层流体（油、气、水）无法控制地涌入井筒喷出转盘面（井口）2m以上的现象称为井喷。

14. 压井：压井就是溢流发生后在井内重新建立一个钻井液柱来平衡地层压力的工艺。

15. 井喷失控：井喷发生后，无法用常规方法控制井口而出现敞喷的现象称为井喷失控。

16. 一次井控：井内采用适当的钻井液密度来控制地层孔隙压力，使得没有地层流体进入井内，溢流量为零。

17. 二次井控：井内使用的钻井液密度不能平衡地层压力，地层流体进入井内，地面出现溢流。这时要依靠地面设备和适当的井控技术来处理和排除地层流体的侵入，使井重新恢复压力平衡。

18. 三次井控：二次井控失败，溢流量持续增大，发生了地面或地下井喷，且失去了控制。这时要使用适当的技术和设备重新恢复对井内压力的控制，达到一次井控状态。

19. 硬关井：是指关封井器时节流管汇处于关闭状态。

20. 软关井：是指先开通节流管汇、再关封井器、再关节流管汇的关井方法。

21. 静液压力：是由静止液体的重力产生的压力。

22. 地层压力：是指地下岩石孔隙内流体的压力。

23. 地层破裂压力：是指某一深度的地层发生破碎或裂缝时所能承受的压力。

24. 抽汲压力：是指当井内钻柱向上运动时，井内钻井液向下流动，使井底压力减小，由此而减小的压力值称为抽汲压力。

25. 激动压力：是指当井内钻柱向下运动时，井内钻井液向上流动，使井底压力增大，由此而增大的压力值称为激动压力。

26. 井底压力：是指地面和井内各种压力作用在井底的总压力。

27. 井底压差：是指井底压力与地层压力之间的差值。

28. 循环压力损失：是指泵送钻井液通过地面高压管汇、水龙带、方钻杆、井下钻柱、钻头喷嘴，经环形空间向上返到地面循环系统及其他所经过的物体，因摩擦所引起的压力损失。

29. 井漏：在钻井过程中钻井液、水泥浆或其他工作液漏入地层孔隙空间的现象。

30. 井斜：是指井眼轴线偏离了铅垂线。

31. 井斜角：沿井眼轴线某一点的切线与铅垂线之间的夹角叫该点的井斜角。

32. 方位角：在井身水平投影图上经过某点作一条正北方向线，再作一条向井底方向延伸的切线，从正北方向顺时针转至该切线的夹角即为该点的方位角。

33. 钻柱中和点：因给钻头加压用掉一部分钻柱的重量而

形成一个即不受拉又不受压的位置，就叫钻柱的中和点。

34. 定向井：一口井的设计目标，按照人为的需要，在一个既定的方向上与井口垂线偏离一定距离的井，称为定向井。

35. 定向井的垂深：井眼轴线上任意一点到井口所在水平面的距离，称为该点的垂深。

36. 斜深：井眼轴线上任意一点到井口的井眼长度，称为该点的井深，也称为该点的斜深。

37. 造斜点：在定向井中，开始定向造斜的位置叫造斜点，通常以开始定向造斜的井深来表示。

38. 目的层：设计规定的必须钻达的地层位置，称为目的层。

39. 靶区半径：允许实际钻井井眼轨迹偏离设计目标点水平面距离，称为靶区半径。

40. 靶心距：在靶心平面上，实钻井眼轴线与目标点之间的距离，称为靶心距。

41. 工具面：在造斜钻具组合中，由弯曲工具的两个轴线所决定的那个平面，称为工具面。

42. 钻井取心：就是在钻具的下部连接一套取心工具，利用取心钻头对井底进行环形破碎，中间保留圆柱状岩心。

43. 岩心：利用钻井、测井设备及特制工具从井下取到地面，供地质人员研究、分析、化验的岩石样品。

44. 穿大绳：是指将一定规格的钢丝绳（大绳）按照一定顺序穿过天车与游动滑车滑轮的过程。

45. 卡钻：钻井过程中，由于各种原因造成的钻具陷在井内不能自由活动的现象，称为卡钻。

46. 粘吸卡钻：指钻具在井中静止时，在钻井液与地层孔隙压力之间的压差作用下，被紧压在井壁滤饼上而导致的卡钻，也叫压差卡钻。

47. 沉砂卡钻：由于钻井液悬浮性能不好或处理钻井液过程中钻井液黏度与切力下降幅度过大，导致钻井液中所悬浮的钻屑和重晶石沉淀，无法正常循环钻井液，埋住井底一段井眼而造成的卡钻。

48. 砂桥卡钻：当钻井液性能不好而暂时停泵时，岩屑和砂粒即在缩径处或钻头部位下沉聚积，造成的卡钻称为砂桥卡钻。

49. 坍塌卡钻：钻井液性能不好、滤失量太大，地层被浸泡而变松，或在地层倾角太大的井段浸泡后的泥页岩膨胀、剥落入井造成的卡钻称为坍塌卡钻。

50. 泥包卡钻：由于钻井液性能不好，钻头水功率不足，钻入泥页岩地层不能及时清除井底岩屑，钻井液与岩屑掺混在一起紧紧包住钻头形成球状物，起钻拔活塞，当上提到缩径井段则卡死而造成的卡钻称为泥包卡钻。

51. 排量（或称作流量）：指单位时间内泵通过排出管所输送的液体量。

52. 泵压：一般指的是泵排出口处的液体压力。

53. 泵的冲次：是指单位时间内活塞的往复次数。

54. 泵的有效功率：单位时间内液体经过泵后增加的能量称为泵的有效功率。

55. 盖层：是指能阻止储层内的油气向上运移的致密的不渗透岩层。

56. 钻时录井：是指钻井现场把记录的钻时数据按井深绘制成钻井曲线来研究地层的工作。

57. 井斜变化率：单位长度井段井斜角的变化值即为井斜变化率。

58. 方位变化率：单位长度井段方位角的变化值即为方位变化率。

59. 水平位移：井身上某点至井口铅垂线的距离，即在水平投影图上该点至井口的直线长度，称为水平位移。

60. 全变化角：井眼轴线上的相邻两测点间井斜与方位的空间角度变化值即为全变化角，也叫"狗腿"角。

61. 井眼曲率：过井眼轴线相邻两测点所作的向井底方向延伸的切线之间的夹角与两测点间井段长度的比值为井眼曲率。

62. 垂深：井眼轴线上任意一点到井口所在水平面的距离，称为该点的垂深。

63. 异常高压：地层压力梯度大于正常压力梯度时，称为异常高压。

64. 异常低压：地层压力梯度小于正常压力梯度时，称为异常低压。

65. 压力系数：是某点压力与该深度处的淡水柱静液压力之比，数值上等于平衡该压力所需等效钻井液密度值。

66. 设备：是人们在生活、生产、运营、试验等活动中所需的机器、设施、仪器和机具等可供长期使用，并在使用过程中基本保持原有形态的物质资料。设备是固定资产的主要组成部分。

67. 红旗设备：对设备的性能、维护、出力以及完成任务等情况进行全面考核，对达到一定标注的设备授予的称号。

68. 设备型号：用字母、数字表示设备（产品）型式、规格的一种符号。

69. 设备寿命：是指定设备发生费用的整个时期，即从规划设备阶段、使用阶段至报废为止的这段时间。

70. 设备使用规程： 是操作工人使用设备的有关要求和规定。

71. 设备操作规程： 是指操作工人正确操作设备的有关规定和程序。

72. 设备维护规程： 对设备日常维护保养方面的要求和规定。

73. 日常点检： 是由操作工人按规定标准，以五官感觉为主，对设备各部位进行技术状况检查。

74. 定期检查： 是指由维修工人按规定检查的周期，以五官感觉或仪器对设备性能和精度全面检查和测量。

75. 设备维护： 为防止设备性能劣化（退化）或降低设备失效的概率，按事先规定的计划或相应技术条件的规定进行的技术措施。

76. 例行保养（例保）： 设备的操作、使用、监管、巡视人员根据不同类型的设备及运行、使用条件进行自己责任所规定的保养工作。

77. 日常保养（日保）： 操作者对所操作设备每日（班）必须进行的保养。

78. 一级保养： 以操作工人为主，由维修工人辅助，按计划对设备进行的定期维护。

79. 二级保养： 以维修工人为主、操作工人参加的定期维修。其内容为：擦洗设备，调整精度，拆检、更换和修复少量易损件，并进行调整、紧固，刮研轻微磨损的部件，保持设备完好及正常运行。

80. 设备修理： 设备技术状态劣化或发生故障后，为恢复其功能而进行的技术活动。

81. 修理周期： 在用设备相邻两次大修之间的时间。

82. 事后修理：设备发生故障或损坏之后，性能已不合格才进行的修理。

83. 润滑：向摩擦表面供给润滑剂以减少磨损、表面损伤和（或）摩擦力的措施。

84. 按质换油：依据化验结果对达到报废标准的润滑油进行更换的过程。

85. 润滑图表：按照"润滑五定"内容，根据每种机型润滑特征和要求所编制的技术图表。

86. 软化水：普通自来水经过离子交换、树脂处理或经过电加热的蒸馏水称为软化水。

87. 备件：为了缩短修理停歇时间而按照储备原则事先进行准备的零（部）件。

88. 配件：由专业工厂按一定规模（数量）生产的、使用单位可按工作条件及连接尺寸随时选用、更换的零部件。

89. 设备运行记录：以日、周或月为单位，用日志、周报、月报的形式对所保存的设备运行、使用、维护和故障等情况的记录。

90. 设备技术状况：指设备所具有的工作能力，包括性能、精度、效率、安全、环保、能源消耗等所处的状态及变化状况。

91. 计划预修制：按修理计划对设备进行预防性的日常维护保养、检查和修理的制度。

92. 润滑剂：加入到两个相对运动表面间，能减少其摩擦或降低磨损的物质。

93. 润滑脂：主要由矿物油或合成油与皂或其他稠化剂混合而成的稳定半固体或固体润滑剂。

94. 钻具：井下钻井工具的简称。一般来说，它是指方钻杆、钻杆、钻铤、接头、稳定器、井眼扩大器、减振器、钻头以及其他井下工具等。

95. 方钻杆：用高级合金钢制成的、截面外形呈四方形或六方形而内为圆孔的厚壁管子。方钻杆两端有连接螺纹，主要用于传递扭矩和承受钻柱的重量。

96. 钻杆：用高级合金钢制成的无缝钢管。两端有连接螺纹。用于加深井眼，传递扭矩，并形成钻井液循环的通道。可分为内平钻杆、管眼钻杆和正规钻杆。

97. 钻铤：用高级合金钢制成的厚壁无缝钢管，两端有连接螺纹，其壁厚一般为钻杆的 4～6 倍。钻铤主要用作给钻头施加钻压、传递扭矩，并形成钻井液循环的通道。

98. 接头：用以连接、保护钻具的短节。

99. 钻具组合（钻具配合）：指组成一口井钻柱的各钻井工具的选择和连接。

100. 下部钻具组合：指最下部一段钻柱的组成。

101. 钻柱：是指自水龙头以下钻头以上钻具管串的总称，由方钻杆、钻杆、钻铤、接头、稳定器等钻具所组成。

102. （刚性）满眼钻具：由外径接近于钻头直径的多个稳定器和大尺寸钻铤组成的下部钻具组合，用于防斜稳斜。

103. 塔式钻具：由直径不同的几种钻铤组成的、上小下大的下部钻具组合，用于防斜和纠斜。

104. 钟摆钻具：根据钟摆原理设计的、主要用于防斜和纠斜的下部钻具组合。

105. 井下三器：指稳定器、减振器和震击器。

106. 稳定器：一种中间局部外径加大、具有控制稳定钻具轴线作用的下部钻具组合的工具，结构上分为直、螺旋和辊子三种形式。

107. 减振器：一种安装在钻柱上的能吸收来自井底产生的垂直和旋转振动的工具。

108. 震击器：能产生向上或向下冲击震动的工具。

109. 井口工具：钻台上用于井口操作的工具，包括大钳（吊钳）、吊卡、卡瓦、安全卡瓦、提升短节、钻头装卸器、旋接器等。

110. 钻井工序：指钻井工艺过程的各个组成部分，一般包括钻前准备、钻进、取心、中途测试、测井、固井和完井等。

111. 套补距：套管头上端面与转盘补心面之间的距离。

112. 井场：钻井施工必需的作业场地。

113. 指重表：反映大钩上载荷变化情况的仪表，可显示悬重、钻重和钻压。

114. 钻进：使用一定的破岩工具，不断地破碎井底岩石、加深井眼的过程。

115. 钻进参数：是指钻进过程中可控制的参数，主要包括钻压、转速、钻井液性能、钻井液流量、泵压及其他水力参数。

116. 钻压：钻进时施加于钻头上的沿井眼前进方向上的力。

117. 悬重和钻重：在充满钻井液的井内，钻柱在悬吊状态下指重表所指轴向载荷称为悬重（即钻柱重力减去浮力）；钻柱在钻进状态下，指重表所指的轴向载荷称为钻重。悬重与钻重的差值即钻压。

118. 转速：指钻头的旋转速度，通常以 r/min 为单位。

119. 流量（排量）：单位时间内通过泵的排出口的液体量，通常以 L/s 为单位。

120. 开钻：指下入导管或各层套管后第一只钻头开始钻进的统称，并依次称为一开、二开。

121. 完钻：指全井钻进阶段的结束。

122. 送钻：钻进时，随着井眼不断加深，钻柱不断下放，始终保持给钻头施加一定钻压的过程。

123. 进尺：钻头钻进的累计长度。

124. 钻时：钻进单位进尺所用的时间，通常以 min/m 为单位。

125. 划眼：在已钻井眼内，为了修整井壁，清除附在井壁上的杂物，使井眼畅通无阻，边循环边旋转下放或上提钻柱的过程，分正划眼和倒划眼。

126. 扩眼：用扩眼钻头扩大井眼直径的过程。

127. 蹩钻：在钻进中钻头所受力矩不均、转盘转动异常的现象。

128. 跳钻：钻进中钻头在井底工作不平稳使钻柱产生明显纵向振动的现象。

129. 停钻：停止钻进。

130. 顿钻：钻柱失控顿到井底或其他受阻位置的现象。

131. 溜钻：钻进中送钻不均或失控而使钻柱下滑、出现瞬时过大钻压的现象。

132. 打倒车：蹩钻严重时转盘发生倒转的现象。

133. 通井：向井内下入带有通井接头或钻头的钻柱、使井眼保持畅通的作业。

134. 放空：钻进中钻柱能无阻地送入一定长度的现象。

135. 吊打：在钻头上施加很小的钻压钻进的过程。

136. 纠斜：当井斜超过规定的限度时，采取措施使井斜角纠正到规定限度内的过程。

137. 钻水泥塞：将注水泥或打水泥塞后留在套管或井眼内的凝固水泥钻掉的过程。

138. 缩径：因井壁岩石膨胀等而使井径变小的现象。

139. 井径扩大：因井壁岩石坍塌等而使井径变大的现象。

140. 单根：指一根钻杆。

141. 双根：指连成一体的两根钻杆。

142. 立根（立柱）：起钻时卸成一定长度、能立在钻台的钻杆盒上的一根钻柱，一般为三根钻杆。

143. 吊单根：将钻杆单根吊起放入小鼠洞内的操作。

144. 接单根：当钻完方钻杆的有效长度时，将一根钻杆接到井内钻柱上使之加长的操作。

145. 起下钻：将井下的钻柱从井眼内起出来，称为起钻。将钻具下到井眼内称为下钻。整个过程称为起下钻。

146. 短起下钻：在钻进过程中，起出若干立柱钻杆，再将它们下入井内的作业。

147. 活动钻具：在钻井作业中上提、下放或旋转钻柱的过程。

148. 甩钻具：将钻柱卸开成单根抬下钻台。

149. 换钻头：通过起下钻更换钻头的作业。

150. 灌钻井液：在起钻、下套管或井漏时向井内或套管内泵入钻井液，以保持井内充满。

151. 钻头行程：一只钻头从下入井内到起出为一个钻头行程。

152. 循环钻井液：开泵将钻井液通过循环系统进行循环。

153. 循环周：钻井液从井口泵入至井口返出所需的时间。

154. 造斜：利用造斜工具钻出一定方位的斜井段的工艺过程。

155. 增斜：使井斜角不断增加的工艺过程。

156. 降斜：使井斜角不断减小的工艺过程。

157. 稳斜：使井斜角保持不变的工艺过程。

158. 造斜工具：用于改变和控制井斜和方位的井下工具。

159. 弯接头：一种与井底动力钻具配合，用于定向造斜的井下工具。其外形为一个轴线弯曲的厚壁接头，外螺纹轴线与内螺纹轴线有一夹角，该角一般为 1°~3°。

160. 井底动力钻具：装在井下钻具底部驱动钻头转动的动力机。

161. 涡轮钻具：把钻井液的水力能经过叶轮转换成机械能的动力钻具。

162. 螺杆钻具：把钻井液的水力能经过螺杆机构转换成机械能的动力钻具。

163. 定向接头：一种用于标记造斜工具面的接头。

164. 无磁钻铤：由相对磁导率近似于 1 的合金材料制成的钻铤。

165. 测深：自钻机转盘面（参照点）至井内某测点间的井眼轴线的实测长度。

166. 钻井：以勘探开发石油和天然气为目的，在地层中钻出的具有一定深度的圆柱形孔眼。

167. 固井：对所钻成的裸眼井，通过下套管注水泥以封隔油气水层、加固井壁的工艺。

168. 套管附件：连接于套管柱上的有关附件（如浮鞋、浮箍、承托环、滤饼刷、水泥伞、扶正器、分级箍、悬挂器、封隔器等）。

169. 引鞋：用来引导套管柱顺利入井、接在套管柱最下端的一个锥状体。

170. 套管鞋：上端与套管相接、下端具有内倒角并以螺纹或其他方式与引鞋相接的特殊短节。

171. 浮鞋：将引鞋、套管鞋和阀体制成一体的装置。

172. 浮箍：装在套管鞋上部接箍内的可钻式止回阀。

173. 承托环（阻流环）：是指注水泥时用来控制胶塞的下行位置、以确保管内水泥塞长度的套管附件。

174. 胶塞：具有多级盘状翼的橡胶塞，用于固井作业过程中隔离和刮出套管内壁上黏附的钻井液与水泥浆，有上胶塞、下胶塞和尾管胶塞之分。

175. 扶正器：装在套管柱上使井内套管柱居中的装置。

176. 刚性扶正器：指带有螺旋槽或直条的不具有弹性的扶正器。一般用于定向井。

177. 联顶节：下套管时接在最后一根套管上用来调节套管柱顶面位置，并与水泥头连接的短套管。

178. 套管：封隔地层、加固井壁所用的特殊钢管。

179. 套管程序：是指一口井下入的套管层数、类型、直径及深度等。

180. 表层套管：为防止井眼上部疏松地层的坍塌和污染饮用水源及上部流体的侵入，并为安装井口防喷装置等而下的套管。

181. 技术套管：是在表层套管和生产套管之间，由于地层复杂或完井所使用的工作液密度不致压漏地层等钻井技术的限制而下入的套管。

182. 生产套管（油层套管）：为生产层建立一条牢固通道，保护井壁，满足分层开采、测试及改造作业而下入的最后一层套管。

183. 套管柱：依强度设计的顺序，由不同钢级、壁厚、材质和螺纹的多根套管所连接起来下入井中的管柱。

184. 套管短节：小于标准长度套管的短套管。

185. 套管头：由重型钢制法兰、卡瓦及密封元件构成，专门用来悬挂套管及密封环空的井口装置。

186. 吊卡：是扣在钻杆接头、套管或油管接箍下面，用以悬挂、提升和下放钻杆、钻铤、套管或油管的工具。吊卡按用途分为钻杆吊卡、钻铤吊卡、套管吊卡和油管吊卡，按结构分为侧开式吊卡、对开式（牛头式）吊卡和闭锁环式吊卡。

187. 吊环：是石油、天然气钻井和井下修井作业过程中起下钻柱的主要悬挂工具之一，其下端挂于吊卡两侧吊耳中，上端挂在大钩的两侧耳环内。吊环主要用于悬挂吊卡，按结构可分为单臂吊环和双臂吊环两种。

188. 吊钳：是用于石油、天然气钻井和修井作业中旋紧或卸开钻柱、套管、油管等连接螺纹的工具。一般作业中内外钳同时使用。吊钳按结构可分为多扣合钳和单扣合钳两种，按功用分为钻杆吊钳、套管吊钳、油管吊钳，按性能又可分为 B 形吊钳和液压大钳。

189. 卡瓦：是用来卡住并悬挂下井的钻杆、钻铤、动力钻具、套管等管柱的工具。卡瓦按作用原理分为机械卡瓦和气动卡瓦两种，按结构分为三片式、四片式、多片式三种，按用途分为钻杆卡瓦、钻铤卡瓦和套管卡瓦三种。

190. 安全卡瓦：是用于卡紧并防止没有台肩的管柱从卡瓦中滑脱的工具。

191. 滚子方补心：用于与转盘方瓦配合、驱动方钻杆的工具。

192. 提升短节：用于钻铤及无台阶管柱的起下钻作业，

分为整体式和分体式两种。

193. 死绳：指游动系统中由死绳固定器至天车轮的一段钢丝绳。

194. 鼠洞：当不使用方钻杆而从大钩上卸下时，用于放置方钻杆和水龙头的洞，位于钻台左前方井架大腿与井口的连线上。

195. 小鼠洞：位于转盘的正前方，用于预先放置钻杆单根的洞，以加快接单根操作。

196. 拉猫头：将吊钳或高悬猫头绳的尾绳（一般用棕绳）的一端缠在猫头上，拉动棕绳使吊钳或高悬猫头绳工作的操作。

197. 钻具刺穿：钻井液在压力作用下穿过钻柱本体或螺纹。

198. 憋泵：循环系统堵塞等原因导致的泵压剧增。

199. 钻井工程班报表：记录钻井班工作情况（包括钻井进度、钻井参数、钻井时效、存在和需要解决的问题等）的报表。

200. 钻头记录：是指钻头类型、使用情况、磨损分析等资料的记录。

201. 钻具记录：是指所用钻具的各种数据和使用情况的记录。

202. 钻头：钻井中破碎岩石形成井眼的工具。

203. 钻头总进尺：是指一只新钻头入井开始正常钻进到钻头报废所钻进尺的总和。

204. 钻头纯钻进时间：是指一只新钻头自入井开始破碎岩石至钻头报废所累计的钻头直接破碎岩石的总时间。

205. 尾管：下到裸眼井段，并悬挂在上层套管上，而又不延伸到井口的套管。

206. 筛管：位于油层部位具有筛孔的套管。

207. 井架：井架是钻采机械提升系统的重要组成部分之一，它是一种具有一定高度和空间的金属结构物，并且具有较好的整体稳定性。

208. 落鱼：因事故留在井内的钻具。

209. 鱼顶：落鱼的顶端。

（二）问答

1. 司钻岗位职责是什么？

（1）司钻是班长，负责组织本班生产、劳动分工，技术措施，做到文明施工，保证安全、优质、高效地完成生产任务。

（2）严格按本岗项点，逐项、逐点检查交接，不放过一个问题，不漏掉一个隐患。

（3）负责钻台控制系统的操作。要按照司钻手中三条命（人、设备、井）的高度责任心，严格按照 HSE/OSH 管理体系要求和安全生产操作规程、质量管理技术措施的要求进行施工，确保井身质量和安全生产。

（4）积极参加与配合搞好现场科学实验和技术攻关，并组织本班人员学习和掌握钻井新技术和新工艺，不断提高本班职工技术本领。

（5）检查司钻房、井控设备，确保灵活好用，并按时组织防喷演习。

（6）审查本班各种报表、资料并签字。

（7）主持召开好班前会、班后会，开展好安全学习及安全知识的教育。接班要细心检查、提出问题，交班要严肃、交清。对接班人员提出的问题，要认真组织整改。坚持班后会讲评。

（8）按上级指令监督作业人员实施 HSE/OSH 管理。

（9）组织好本班各岗位人员，为下班做好生产准备工作。

2. 司钻岗位巡回路线是什么？

值班房→井控房→防喷器→死绳固定器→钻台仪表→转盘→绞车→传动装置→司钻房（试车）。

3. 司钻在岗工作时间要进行哪三次巡回检查？

接班时检查一次，接班后工作 4h 检查一次，交接班前 0.5h 检查一次（井架部分白天检查）。

4. 井控"四、七"动作司钻岗位职责有哪些？

（1）负责发出信号。

（2）组织全班按"四、七"动作程序关井。

（3）负责操作司钻控制台和节流控制箱。

（4）具体操作：

①钻进中：停转盘、上提方钻杆后指挥关井。

②起下钻杆中：停止起下钻杆作业，组织抢接回压阀及方钻杆后指挥关井。

③起下钻铤中：停止起下钻铤作业，组织抢接防喷单根及接方钻杆后指挥关井。

④空井眼中：组织抢下钻杆、接回压阀及方钻杆后指挥。

5. 钻机的基本功用有哪些？

（1）旋转钻具、钻头破碎岩石，形成井眼。

（2）循环钻井液（气）、清理、清除井底破碎岩石形成的岩屑，保持连续钻进。

（3）起下钻具，更换钻头或其他工具，下套管。

（4）完成固井、试油、修井及其他辅助工作。

6. 钻机的八大系统是什么?

(1) 提升系统。

(2) 旋转系统。

(3) 循环系统。

(4) 动力设备。

(5) 传动系统。

(6) 控制系统和监视检测系统。

(7) 钻机底座。

(8) 辅助设备。

7. PDC 钻头的工作特点及优点是什么?

(1) 小钻压。

(2) 高钻速。

(3) 大排量。

(4) 进尺快。

(5) 扭矩小。

(6) 井眼直。

(7) 井径规则。

(8) 电测顺利。

(9) 井下复杂情况少。

(10) 成本低。

(11) 产量高。

8. 钻头下井前应当做哪些检查?

(1) 检查螺纹及台肩有无损伤。

(2) 检查牙轮轴承是否完好。

(3) 检查牙齿是否完好,是否有咬齿现象。

(4) 检查水眼安装是否合理。

（5）检查扣型与配合接头是否一致。

9. 卡钻的主要类型有哪几种？

（1）压差卡钻。

（2）缩径卡钻。

（3）沉砂卡钻。

（4）井塌卡钻。

（5）键槽卡钻。

（6）砂桥卡钻。

（7）泥包卡钻。

（8）落物卡钻。

10. 井控设备的功用有哪些？

（1）预防井喷。保持井筒内钻井液静液柱压力始终略大于地层压力，防止井喷条件的形成。

（2）及时发现溢流。对油气井进行监测，以便尽早发现井喷预兆，尽早采取控制措施。

（3）迅速控制井喷。溢流、井涌、井喷发生后，迅速关井，实施压井作业，对油气井重新建立压力控制。

（4）处理复杂情况。在油气井失控的情况下，进行灭火抢险等处理作业。

11. 节流管汇的功用有哪些？

（1）通过节流阀的节流作用实施压井作业，替换出井里被污染的钻井液，同时控制井口套管压力与立管压力，恢复钻井液液柱对井底的压力控制，制止溢流。

（2）通过节流阀的泄压作用，降低井口压力，实现"软关井"。

（3）通过防喷阀的大量泄流作用，降低井口套管压力，

12. 压井管汇的功用有哪些？

（1）当用全封闸板全封井口时，通过压井管汇往井筒里强行吊灌钻井液，实施压井作业。

（2）当已经发生井喷时，通过压井管汇往井口强注清水，以防燃烧起火。

（3）当井喷着火时，通过压井管汇往井筒里强注灭火剂，能助灭火。

13. 井架的主要作用有哪些？

（1）安放天车、游动滑车、大钩起升设备，用以下钻具、下套管、靠放钻井中提升出来的立根。

（2）井架有额定的承重能力，保证提升和悬持一定重量的钻柱。

（3）井架有额定的工作高度和作业空间，确保安全进行起下钻作业、停靠立根、放置拧卸钻具机械设备。

14. 井架的类型有哪几种？

（1）A形井架。

（2）塔形井架。

（3）前开口式井架。

（4）桅形井架。

（5）动力井架。

（6）套装井架。

15. 常用钻头按类型分为哪几种？

（1）刮刀钻头。

（2）牙轮钻头。

（3）金刚石钻头。

(4) PDC 钻头。

16. 套管扶正器的作用有哪些?

(1) 扶正井内套管,保证套管居中,提高水泥浆顶替效率。

(2) 使水泥环均匀。

(3) 减少套管与井壁间的粘吸阻卡,有利于套管的顺利进入。

17. 钻井泵空气包对充气气体有何要求?

充氮气,在没有氮气的情况下可用空气替代,严禁充入氧气和可燃气体。

18. 下部钻具弯曲对井斜有何影响?

(1) 下部钻具弯曲使钻头相对于井眼轴线发生偏斜,其钻进的方向偏离原井眼轴线,直接导致井斜。

(2) 下部钻具弯曲使钻压改变了作用方向,即不再沿井眼轴线方向加给钻头而是偏斜了一个角度,从而引起井斜的横向偏斜力。

19. 自锁常规长筒取心接单根操作要点是什么?

要点是"一提、二锁、三冲、四压"。一提:停转、停泵后,缓慢上提钻具割心。二锁:卸方钻杆时锁转盘,保证井下工具不转。三冲:接完单根后开泵循环,下放钻具冲洗井底 3~5min。四压:用不低于 1.5 倍钻压的压力静压井底,以顶开岩心爪,之后再微提钻具,轻压启动转盘恢复钻进。

20. 取心钻进过程包括哪些环节?

取心钻进过程包括钻出岩心、保护岩心、取出岩心三个环节。

21. 钻具在井下受哪些作用?

钻具在井下受轴向拉力和压力、弯曲力矩、离心力、扭矩、纵向振动、周向振动、动载的作用。

22. 下套管前钻井地面设备准备、检查的内容是什么?

下套管前应对井架基础、底座、井架、传动系统、提升系统、指重表、刹车系统、钻井泵、柴油机、发电供水装置进行认真检查。

23. 螺杆钻具的工作原理是什么?

螺杆钻具是以钻井液为动力的一种井下工具。钻井泵输出的钻井液流经旁通阀进入马达,在马达的进出口形成一定的压力差,推动马达的转子旋转,并将扭矩和转速通过万向轴和传动轴传递给钻头。

24. 螺杆钻具旁通阀的作用是什么?

旁通阀的作用是在下钻时允许环空的钻井液经旁通孔流入钻柱水眼内。在起钻时,允许钻柱水眼内的钻井液从旁通孔流出进入环空中。钻进时,在高压钻井液作用下,旁通阀关闭,使全部钻井液流经马达。

25. 复杂井通井划眼的方法有几种? 具体的做法是什么?

(1)"一冲、二通、三划"法。具体做法是:接好单根开泵正常后,先冲下去,上提钻具转动一个方位再通下去,然后再提起钻具转动划下去。

(2)"拨放点划"法。具体做法是:当遇到冲不动、通不下的情况时,应先加 20~30kN 转动转盘,观看指重表指示。若悬重回升,则立即停转盘,再加压 20~30kN 转动转盘。如此重复操作,直到拨放点划一单根,再提起下划一次。

26. 穿大绳有几种方法？各种方法的优缺点有哪些？

大绳的穿法有顺穿（平行穿）和花穿（交叉垂直）两种，这两种穿法都有一定的优点及缺点。

顺穿法：方法比较简单，在二层平台和吊卡操作比较方便，各滑轮偏磨的可能性小；但大绳容易打扭，滚筒上的钢丝绳在起下钻、起空车时容易排乱。

花穿法：优点是游动系统运行时较为平稳，滚筒钢丝绳不易排乱，大绳不易打扭；但这种方法比较复杂，在二层台扣吊卡操作不太方便。若游车起太高了，大绳可能会互相磨、碰，大绳磨损滑轮一侧的现象比较严重。

27. 滚子方补心的使用技术要求主要有哪些？

（1）滚子方补心必须在钻台上安装。

（2）对准井眼，下方补心，慢慢转动转盘，使方补心方体进入转盘大方瓦内。

（3）滚子和方钻杆之间的间隙一般宜在 0.25~1.5mm 之间，最大不应超过 3mm。

（4）应经常检查滚子的磨损量，最大磨损量不超过 3.2mm。

（5）每周应检查一次上盖大螺母是否松动，并给滚轮轴承加润滑脂。

（6）要定期检查轴和滚针轴承的磨损情况，移动量应在 0.8mm 之内。

28. 闸板防喷器手动锁紧装置的作用是什么？

（1）当液压关井失效时，用手动装置能及时关闸板。

（2）当需较长时间封井时，可用手动锁紧装置锁住闸板，此时可卸掉油压。

29. 固井水泥返高不够的原因有哪些?

（1）提供的井径数据不准确，水泥浆数量不够。

（2）地层漏失。

（3）因其他原因替钻井液量不够。

（4）施工中水泥浆顶替不动。

30. 井队搬迁之前查看井场井位都包括哪些内容?

（1）井场是否处在低洼位置，是否具备排水条件。

（2）井场范围内有无需要迁走的坟包和树木。

（3）井架基础及重型设备基础是否牢固合格。

（4）井场面积是否够用。

（5）水井或水源是否已经解决。

（6）规划设备如何摆放。

31. 设备已拆卸完，准备搬迁前还有哪些细小的工作要考虑?

（1）装车、卸车的大小绳套是否足够。

（2）设备装车后捆绑设备的绳索及铁丝是否备好。

（3）超高设备的押车人员是否经备好挑电线用的长杆。

（4）如进行长途搬迁，是否已解决了饮水、吃饭、住宿问题。

（5）注意天气预报，做好防雨防寒工作。

32. 井队搬迁之前查看路情都包括哪些内容?

（1）查看路面宽度是否具备大型车辆通行特别是对开时的错车宽度。

（2）查看桥梁的安全负荷是否足够。

（3）查看沿路电线高度是否能使大型车辆通过。

（4）如公路通过村庄，直角弯道能否使超长件通过。

(5) 路旁有无影响大型车辆通行的歪倒或歪斜的大树。

(6) 有无需要埋放渠洞管的地方。

(7) 春秋季节要注意查看路面翻浆情况。

(8) 如井场在稻田内,要问清楚农民何时灌水,路面是否有被水浸的可能。

33. 绞车的刹车包括主刹车和辅助刹车其主要功用是什么?

主刹车的主要功用是:正常钻进时,控制滚筒转动,以调节钻压,送进钻具;下钻、下套管时,刹慢或刹住滚筒,控制下放速度,悬持钻具。

辅助刹车的主要作用是:下钻时,刹慢滚筒,保持钻具以安全的速度均匀下放,使钻具平稳地坐落在转盘或卡瓦上。

34. 下钻时大绳打扭是何原因?怎么处理?

(1) 如果是因新换钢丝绳未松劲导致大绳打扭,应立即卸掉大钩负荷,将大绳活绳头松开,放掉钢丝绳的扭劲。

(2) 如果是因为下钻时钻具严重旋转导致大绳打扭,应控制下放速度,以减少或减慢钻具的转动。

(3) 如果是因为大钩销子未打开导致大绳打扭,可卡上卡瓦用人力或电(气)动小绞车转动大钩并打开制动销。

(4) 如果是水龙头卡死导致大绳打扭,应检修或更换水龙头。

35. 发现溢流为什么要迅速关井?

(1) 控制井口,有利于安全实现安全井压。

(2) 制止地层流体继续进入井内。

(3) 保持井内有较多的钻井液,减小关井和压井时的套压值。

(4) 可准确计算地层压力和钻井液密度。

36. 激动压力和抽汲压力主要受哪些因素影响?
（1）管柱结构、尺寸以及管柱在井内的实际长度。
（2）井身结构与井眼直径。
（3）起下钻速度。
（4）钻井液密度、黏度、静切力。
（5）钻头或扶正器泥包程度。

37. 溢流发生的原因有哪些?
（1）起钻时井内未灌满钻井液。
（2）井眼漏失。
（3）钻井液密度低。
（4）抽汲。
（5）地层压力异常。

38. 钻进过程中发生溢流的直接显示有哪些?
（1）出口管线内钻井液流速增加，返出量增加。
（2）停泵后井口钻井液外溢。
（3）钻井液罐液面上升。

39. 起下钻时发生溢流的直接显示有哪些?
（1）起钻时，当灌入钻井液量小于起出钻具的排替量时，则说明发生了溢流。
（2）下钻时，当液体返出量大于下入钻具排替量时，则说明井内发生了溢流。

40. 发生溢流时软关井的优点和缺点有哪些?
（1）优点：避免产生"水击效应"。
（2）缺点：关井时间长，在关井过程中地层流体仍要进入井内，关井套压相对较高。

41. 硬关井的优点和缺点有哪些?

(1) 优点:关井时间短,地层流体进入井筒的体积小,关井套管压力相对较低。

(2) 缺点:关井时井控装置受到"水击效应"的作用对井口装置不利。

42. 起下钻杆时的关井程序是什么?

(1) 发信号。

(2) 停止起下钻杆作业。

(3) 抢装钻具内防喷工具并关闭。

(4) 开平板阀,适当打开节流阀。

(5) 关防喷器。

(6) 关节流阀试关井,再关闭节流阀前的平板阀。

(7) 录取关井立压、关井套压及钻井液增量。

43. 钻进时的关井程序是什么?

(1) 发信号。

(2) 停转盘,停泵,把钻具上提至合适位置。

(3) 开平板阀,适当打开节流阀。

(4) 关防喷器。

(5) 关节流阀试关井,再关闭节流阀前的平板阀。

(6) 录取关井立压、关井套压及钻井液增量。

44. 什么是司钻法压井?

司钻法是发生溢流关井求压后,第一循环周用原密度钻井液循环,排除环空中已被地层流体污染的钻井液,第二循环周再将压井液泵入井内,用两个循环周完成压井,压井过程中保持井底压力不变。

45. 天然气侵入井内的方式有哪些？

（1）岩屑气侵：在钻开气层的过程中，随着岩石的破碎，岩石孔隙中的天然气被释放出来而侵入钻井液。

（2）置换气侵：钻遇大裂缝或溶洞时，由于钻井液密度比天然气密度大，产生重力置换。天然气被钻井液从裂缝或溶洞中置换出来进入井内。

（3）扩散气侵：气层中的天然气穿过滤饼向井内扩散，侵入钻井液。

（4）气体溢流：井底压力小于地层压力时，天然气会大量侵入井内。

46. 水龙头上、下扶正轴承处唇形密封件的装配方法和作用是什么？

（1）上扶正轴承处密封件装在支架上，外侧密封件唇口向上，起防止外部液体进入壳体中的作用，内侧密封件唇口向下（向里），起密封机油、防止外漏作用。

（2）下扶正轴承处密封件装在下部密封盒或压盖上，密封件唇口全部向上，起密封机油、防止壳体内机油泄漏的作用。

47. 闸板防喷器能否长期关井作业？理由是什么？

闸板防喷器能长期关井作业，理由是：

（1）闸板关井后，井压大部分由闸板体承担，同时闸板防喷器有机械锁紧装置。

（2）关井后，可机械锁紧。

48. 远程控制台电泵和气泵分别在什么时候使用？

（1）控制系统正常给储能器补充油压时使用电泵。

（2）当电路故障或检修，或系统需要超出电泵额定工作压力的压力时，使用气泵工作。

49. 节流管汇的功用是什么？

（1）通过节流管汇"分流"实现"软关井"。

（2）通过节流阀的"节流"作用，实施压井作业。

（3）通过放喷阀的大量泄流作用，降低井口套管压力，保护井口防喷器组。

50. 手动平板阀在关闭操作时为什么最后要回旋 1/4～1/2 圈？

（1）因为平板阀的密封具有液压助封、浮动密封的特点。

（2）关闭到位，手轮回旋 1/4～1/2 圈，就是为了满足平板阀的密封特点要求。

51. 井控设备在什么时候进行常规开关活动检查？

（1）打钻进入油气层后，每天应对闸板防喷器的半封闸板开关活动一次。开关活动半封闸板时，井内应有相应尺寸的钻杆。

（2）进入油气层后，每次起下钻前应对环形防喷器、闸板防喷器、液动平板阀开关活动一次。

52. 现场井控设备整体试压时，闸板封井器的高压试验技术指标内容是什么？

（1）关闭闸板油压为 10.5 MPa。

（2）试验压力为防喷器的额定工作压力。

（3）试压稳压时间不少于 10min。

（4）允许压降不大于 0.7MPa，密封部位无渗漏为合格。

53. 发生卡钻事故后如何处理？

在任何情况下，一旦发生卡钻事故，都要上提或下放活动钻具，并设法接方钻杆循环钻井液，以求迅速解卡。但在上提、下放活动钻具时,要根据卡钻性质灵活掌握,以免使钻具卡得更紧。

54. 钻井中影响钻井液性能的地质因素有哪些?

当钻穿高压油气层时,在油气压力驱动下,油气侵入钻井液,造成钻井液密度降低,黏度升高。当钻遇淡水层时,水侵导致钻井液密度、黏度及切力降低,滤失量增加。钻井液性能变化程度可以反映油气入侵的程度。

55. 钻井过程中对油气层的伤害有哪些?

(1) 钻井液固相的伤害。
(2) 钻井液滤液的伤害。
(3) 影响钻井液伤害程度的因素,包括:压差、浸泡时间、钻井液循环时的剪切速率、起下钻速度、钻具对井壁的刮削作用。

56. 油层伤害的类型有哪些?

(1) 水敏性伤害。
(2) 酸敏性伤害。
(3) 微粒运移伤害。
(4) 结垢伤害。
(5) 水锁伤害。
(6) 润湿性改变伤害。
(7) 固相颗粒侵入伤害。
(8) 出砂伤害。

57. 钻井泵轴承温度过高应检查哪些位置?

(1) 检查轴承润滑油孔是否被堵塞。
(2) 检查润滑油是否干净充足。
(3) 轴承是否损坏或卡死。

(4) 轴承与配合处是否已严重磨损。

(5) 轴承轴向间隙调整不当或轴承位置不正确。

58. 下套管时向套管内灌钻井液的目的是什么？

(1) 防止套管内外的压差过大，造成套管等损坏。

(2) 减轻套管浮力，以便顺利下套管。

59. 高压管汇安装前应做哪些检查？

(1) 立管内有无堵塞物。

(2) 各高、中、低压阀门是否密封可靠，是否转动灵活。

(3) 各活接头、O形密封圈、卡子、螺栓等配件是否齐全、合格。

60. 引起抽汲的原因有哪些？

(1) 钻头或扶正器泥包严重。

(2) 井眼缩径。

(3) 起钻速度过快。

(4) 钻井液黏度、切力过高，流动阻力大。

61. 为什么起钻容易发生井喷？

(1) 起钻时产生抽汲压力，拔活塞会使井底压力降低。

(2) 起钻时不及时灌满钻井液使井底压力降低。

62. 抽汲和溢流的主要区别有哪些？

溢流时，停止起钻作业后，井口一直外溢。抽汲时，停止起钻作业后，井口无外溢。

63. 远程控制台应如何摆放？

远程控制台安装在面对井架大门左侧，距井口不少于25m，距放喷管线或压井管线应2m以上，并在周围留有宽度不小于2m的人行通道，周围10m内不得堆放易燃、易爆、腐蚀物品。

64. 目前钻井施工中都用了哪些主要固控设备?

固控设备主要有五种：振动筛、除砂器、除泥器、清洁器、离心机。

65. 振动筛筛布上的目数是怎么测量计算的?

测量计算方法是以每英寸筛布有多少个孔即为多少目的筛布。

66. 电测遇阻通常都采用哪些办法通井?

（1）原钻具下钻到底，充分循环钻井液，洗井。

（2）洗井后，在井底打一段稠钻井液，通常叫做"打封闭"。

（3）在遇阻井段划眼，划到底后再循环钻井液洗井。

（4）只下钻到底，不开泵，然后起钻，通常把这种办法叫做"干通"。

67. 钻进中泵压下降是何原因?

泵压下降原因是：泵上水不好，管线或阀门刺漏，钻具刺坏造成短路循环，钻头水眼刺坏或掉喷嘴，断钻具，发生井漏，钻井液气侵起泡等。

68. 钻井泵正常运转的基本要点是什么?

基本要点是"三中、三不、两正常"。三中：中等功率、中等泵压、中速运转。三不：紧固不松动，密封不泄漏，泵压不波动。两正常：温度正常，声音正常。

69. 红旗设备的条件是什么?

（1）完成任务好，安全，出勤率高。

（2）设备性能好，零件、部件完整齐全。

（3）设备出力达到规定要求。

（4）搞好设备的清洁、润滑、扭紧、调整和防腐。

（5）设备使用记录齐全准确。

70. 动力设备经济运行的内容是什么？

动力系统在保证负荷供应的条件下，使整个系统达到最小、费用最低的一种运行方式。

71. 润滑油加注过程"三过滤"的内容是什么？

润滑油在进入油库时要经过过滤，放入润滑容器时要经过过滤，加入设备时也要经过过滤。

72. 转盘制动块的作用是什么？

制动块在起下钻具或特殊作业锁定转台以承受反扭矩；在采用转盘钻井时，应处于开启位置；需制动转台时，用低速挡驱动转台，将制动块推入转台的凹槽内，操纵柄在前段靠井眼为制动，在后端靠输入轴头为打开。

73. 目前防碰装置有哪几种？

钻机的防碰装置采用两种保险系统：一种是安装在井架上段限制游车上升位置的钢丝绳防碰装置，另一种是绞车防碰过圈阀装置。

74. 防碰装置工作原理是什么？

过圈阀安装在滚筒上方，可沿轴向左右调整。过圈阀拨杆的长度依游车上升到极限高度时钢丝绳在滚筒上缠绳量来调整（游车上升距天车梁下平面 6~7m 处）。当游车上升处于极限高度时，快绳触碰拨杆，滚筒离合器放气，刹车气缸进气进行紧急刹车，将滚筒刹死。

75. 应用电磁涡流刹车的优点是什么？

电磁涡流刹车是适用于石油钻机的新型辅助刹车。它利用电磁感应原理进行无磨损制动，具有力矩大、无易损件、使用寿命长、操作维护简单等特点。应用电磁涡流刹车可大幅度减少主刹车的磨损，延长刹车盘的使用寿命，降低钻井工人的劳动强度。下钻时基本不用主刹车，仅通过改变励磁电流来调节制动力矩，以控制钻杆下方速度。转速降至50r/min，可达最大力矩的75%，完全满足重载下钻的要求。

76. 钻井泵皮带轮对中性的调整方法是什么？

安装皮带时，需要对皮带轮的对中性进行调整。调整方法是用两根细钢丝沿两个皮带轮的一面张紧，一根在中心线之上，一根在中心线之下；然后移动任一皮带轮直至两根钢丝和皮带轮四个点接触（不同面误差应小于2.5cm）时，可以确定两个皮带轮已对中，再用铰链装置将传动底座与大底座连接起来。

77. 液压盘刹系统压力的调整步骤是什么？

（1）松开液压源的盘刹溢流阀调压锁紧螺母，将螺杆按逆时针方向减少压力旋转至完全放开位置。

（2）检查管路完整性，并启动泵电动机，逐台调试，逐台启动泵。

（3）松开两台恒压变量泵壳中间部位顶部的压力补偿装置的锁紧螺母，顺时针转动螺杆至最大。此时由溢流阀调压为零，故表压不变。

（4）将液压源的盘刹溢流阀调压螺杆分别按顺时针方向慢慢地旋转，监视液压源压力表读数，调节压力至6.5MPa，然后锁好锁紧螺母。

（5）逆时针旋转恒压泵压力补偿装置螺杆（减少压力），监视压力表读数，调节压力至5~6MPa。然后锁上锁紧螺母。两台泵调压过程一样。

78. 液压盘刹闸瓦与刹车盘间隙的调整方法是什么？

（1）常开钳间隙调整：当停机或没用常开钳刹车时，用专用工具或直径为 10～11mm 的圆钢插入钳缸体上的锁紧螺母中旋转松开锁紧螺母，然后再插入调整螺母调整孔中，先旋转调整螺母使刹车块与刹车盘之间的间隙为零为止，然后反向旋转松开缸体2个调整孔，使单边间隙值为0.33，调好后锁上锁紧螺母。

（2）常闭钳间隙调整：开启泵站，当系统压力达到额定值后，用常开钳刹死绞车，如上所述用调常开钳间隙的办法去调常闭钳，调好间隙。

（3）若常闭钳调不动，可将系统压力调高，旋转调整螺母。彻底松开闸后，重新调好系统压力，再按上述方法调好间隙，最后锁上锁紧螺母。

79. 液压大钳的操作口诀是什么？

（1）钳子一定要送到头，下钳卡牢转钳头，上卸扣完对缺口，松开下钳向回走。

（2）手扶钳头手柄，右手扶气缸开关，前推开关，将大钳送至井口。

（3）打开钳框活门，上下钳口对齐，下钳卡牢钻具，关闭钳框活门。

（4）选择上卸扣，液压换向手柄操作至相应位置。上扣下压，卸扣上推。

（5）卸扣时先合气控阀低速，卸松后再合高速。将液压换向手柄回中位停止卸扣。

（6）打开钳口活门，对齐上下钳口缺口。

（7）左手操作气缸手柄收大钳到原位，停稳。

80. 下钻时刹车失灵的后果是什么？

（1）顿坏转盘吊卡、吊环。

（2）钻具落井。

（3）出现伤害事故。

81. 井架工在二层台工作时使用的敲击信号是什么？代表什么意思？

井架工在二层台工作时使用敲击棒敲击钻具发出声音。敲一声，代表着游车大钩上提。敲二声，代表着游车大钩下放。敲三声，代表着游车大钩停止。

82. 司钻在操作前必须做到五检查、一校对、一了解的具体内容是什么？

（1）五检查：一是刹把及刹车系统是否正常，二是死绳头、活绳头是否卡牢，三是防碰天车是否灵活好用，四是各液、气、电路畅通、良好，五是各种仪表灵敏好用。

（2）一校对：校对指重表、记录仪时间。

（3）一了解：了解上班井下、设备运转、钻井液性能、安全隐患等，有无复杂情况。

83. 绳卡的正确使用方法是什么？

所有受力钢丝绳应与三只与绳径相符的绳卡卡固，间隔200mm，方向一致，绳卡鞍座卡在朱绳段上。

84. 起放井架必须遵守哪些规定？

（1）起放井架必须有专人指挥。

（2）风力大于6级、雾天、大雨天和夜间视线不清时禁止起放。

85. 为什么在起下钻时要插牢吊卡挡子？

防止吊卡因受震动、摆动、刮碰而脱离吊环，从高处落下砸伤人。

86. 场地工岗位任职条件有哪些？

（1）具有高中或相当于高中以上文化程度。

(2) 经培训取得《石油工人上岗证》、《HSE 培训合格证》。

(3) 身体健康,无妨碍钻井工作的各类疾病。

(4) 热爱本职工作,遵守 QHSE 管理规定。

87. 场地工岗位职责有哪些?

(1) 负责管理值班房及房内图表、DAQ、测斜工具、计量器具、材料爬犁、废料堆的管理,做到齐全、清洁、定位摆放,按 HSE 管理工作要求,负责 HSE 整改工作。

(2) 负责井场管材及工具的排放、清洗钻具螺纹、检查钻具水眼和钻具上下钻台带护丝、摘挂钩子绳套工作。

(3) 负责丈量方入,填写好工程报表、交接班记录,做到齐全、准确、清洁。外钳工不在时顶替外钳工岗位工作。

(4) 负责钻具滑道、钻杆支架、倒绳机、圆井的管理和清洁工作。

(5) 负责起下钻拉钩子、钻进时协助钻井液工捞砂、清砂、钻台下及圆井的排污工作。

88. 场地工岗位巡回检查线路是什么?

值班房→材料房→爬犁→钻具支架及滑道→井场场地。

89. 场地工交接班内容有哪些?

(1) 交钻具、管材、钻杆支架及滑道、井场工具、值班房内用具及图表,不清、不完好不接。

(2) 交资料、班报表、钻具记录,填写不齐全、准确、工整、清洁、不签字不接。

(3) 交井场、值班房清洁卫生及规格化,不好不接。

(4) 交井场营房前踏板定位完好、齐全,不好不接。

(5) 交为下班应做好的生产准备,不好不接。

90. 场地工井控工作有哪些?

(1) 按"四·七"动作的岗位分工熟练本岗位操作。
(2) 协助井架工进行井口螺栓的紧固及阀门的活动保养。
(3) 负责场地防喷单根的检查和保养。

91. 什么是钻具事故?

井内的钻具扣被倒开、螺纹坏、脱扣、滑扣、钻具断扣、本体刺坏以至被扭断,均称之为钻具事故。

92. 钻具螺纹未上紧,为什么在下钻过程中会被倒开?

下钻过程中,井眼沿轴线呈螺旋形。在下钻过程中,钻具紧贴井壁一侧并沿螺旋形井眼顺时针下入,此时就有一个反时针方向的摩擦力作用在钻具上,形成反扭矩。因而在螺纹未上紧的情况下,钻具容易被倒开。

93. 钻具上下钻台为什么要戴护丝?

钻具上下钻台不戴护丝对钻具的螺纹磨损严重,甚至会撞坏钻具螺纹。如没及时发现,钻具入井后容易刺扣、粘扣和脱扣,从而导致钻具落井。同时,螺纹损坏后也要增加修理费用,还缩短钻具使用周期。所以,钻具要戴好护丝上下钻台。

94. 下钻为什么要涂好螺纹脂?

螺纹脂有润滑和辅助螺纹密封的作用,可防止钻具粘扣的发生。

95. 处理断钻具事故的常用工具是什么?

(1) 卡瓦打捞筒。
(2) 卡瓦打捞矛。
(3) 公锥、母锥。

96. 什么是落物事故?

物体(如钻具、钻井工具、手工具等)从井口掉入井内,就叫落物事故。

97. 发生落物事故的原因有哪些?

(1) 在井口操作不小心,造成手工具、井口工具等落井。

(2) 在转盘上乱放手工具或其他东西,操作时碰撞了所放物体或因转盘转动使物体落井。

(3) 塔式井架上的一些固定螺钉因松动后脱落掉井。

(4) 在井口违章操作,如起下钻铤和取心工具时不卡安全卡瓦、用猫头吊钻具提升短节不紧扣等,造成钻具落井。

98. 落物事故有何危害性?

(1) 在钻进中有东西掉井时,可能会造成落物卡钻事故。

(2) 在起下钻中,钻具掉井,钻具顿弯或紧贴井壁,往往造成卡钻事故或导致井眼报废。

(3) 落物事故处理,一般都比较困难,需要一定的时间,对生产都有不同程度的影响。

99. 怎样预防井口落物事故?

(1) 严禁将手工具、螺钉、螺栓等物放到转盘上。

(2) 在井口使用手工具时盖好井口,严防工具落井。

(3) 起下钻前和起下钻过程中,按规定检修好大钳、卡瓦、吊卡等工具,有问题及时修好。

(4) 起下钻严禁违章操作,提升短节要大钳紧扣,起下钻铤要卡安全卡瓦等。

(5) 起钻至钻头,迅速盖好钻头盒,严禁在井口转动钻头。

(6) 转盘、井架固定螺栓定期检查,带手工具上井架要系好保险绳。

100. 井的类别如何划分?

按钻井的目的可分为探井和开发井等。按完钻后的井深可分为浅井（井深不大于1200m）、中深井（井深1200～3000m）、深井（井深3000～5000m）和超深井（井深大于5000m）。按井眼轴线形状可分为直井和定向井。

101. 钻机起升系统由哪些设备组成?

钻机起升系统主要由绞车、辅助刹车、游动系统（包括天车、游动滑车、大钩及钢丝绳）、井架等组成。

（1）井架是悬挂游动系统的基本，它主要由主体、人字架、天车台、二层台、工作梯、立管平台、钻台和底座组成。

（2）游动系统：在钻机的提升设备中，将天车、游车和大钩用钢丝绳连接起来，组成一个复滑轮系统，又称为钻机的游动系统。

（3）绞车：绞车是构成提升系统的主要设备，是组成一部钻机的核心部件，是钻机的主要工作机之一。

102. 什么是卡钻事故?

钻柱在井内停止时间过久或其他原因造成不能上提、下放或转动，有时甚至不能循环，这样的事故统称为卡钻事故。

103. 怎样预防落物卡钻?

（1）起下钻操作时，严防物体从井口掉入，按规定检查井口工具。

（2）发生落物事故后，在未卡死之前（即钻具可旋转，上提下放有一定的范围），尽量采用旋转钻具的方法将落物蹩入井壁，遇卡时严禁硬拔，以防上提卡死。

（3）空井时应将井口盖好。

(4) 表层套管和中间套管下入时尽量留较少的口袋，以免固完井水泥凝固后，再进行二开钻进时，水泥环较长，容易脱落造成卡钻。

104. 什么叫短路循环卡钻？

由于钻井液短路循环、钻头干钻造成的钻柱被卡，叫做短路循环卡钻。

105. 钻井液短路循环卡钻事故有何危害？

钻井液短路干钻导致卡钻的事故是一种恶性卡钻事故，处理一般比较复杂，不但耽误生产时间，而且造成巨大的经济损失，严重时会造成井眼报废。

106. 什么是粘吸卡钻？

钻柱在钻井液液柱压力与地层压力之差的作用下紧贴在井壁上造成的卡钻，称粘吸卡钻（也称压差卡钻或粘附卡钻）。

107. 粘吸卡钻有何特点？

（1）循环钻井液正常。

（2）随时间的延长，卡钻面积不断增加，粘卡越严重，且卡点深度上移。

108. 钻井液性能不好，失水量大，对粘吸卡钻有何影响？

钻井液性能不好，失水量大，在渗透性地层井壁上形成的滤饼越厚，滤饼越虚，易发生粘吸卡钻。

109. 钻井液中固相含量多，对发生粘吸卡钻有何影响？

钻井液中固相含量多，滤饼的黏滞系数越大，越容易发生粘吸卡钻。

110. 发生粘吸卡钻的主要原因是什么？

（1）钻具在井内静止时间长，活动钻具不及时或活动钻具的方法不当。

（2）钻井液失水大，滤饼厚，固控设备配备不齐全或由于固控设备损坏，造成固相含量急剧增加。

（3）深井、定向井和复杂井等在钻井液中加入的润滑剂含量少，滤饼摩阻较大。

111. 常用吊环规格有哪些？

（1）单臂型：DH585型最大负荷585kN，吊环有效长1100mm；DH900型最大负荷900kN，吊环有效长1500mm；DH1350型最大负荷1350kN，吊环有效长1800mm；DH2250型最大负荷2250kN，吊环有效长2700mm；DH3150型最大负荷3150kN，吊环有效长3300mm；DH4500型最大负荷4500kN，吊环有效长3600mm。

（2）双臂型：SH585型最大负荷585kN，吊环有效长1300mm。

112. 卡瓦的用途有哪些？

（1）在浅井或井内钻具较轻时的起下钻作业中，用于井口卡坐钻铤或钻杆。

（2）阻卡划眼时，将钻具卡紧悬坐于钻盘中以传递扭矩。

113. 卡瓦类型有哪些？

按作用分为钻杆卡瓦、钻铤卡瓦和套管卡瓦。按结构分为三片式卡瓦、四片式卡瓦和长型卡瓦、短型卡瓦等。按操作方式分为动力卡瓦和手动卡瓦。

114. 安全卡瓦用途有哪些？

安全卡瓦是在起下钻铤、取心筒和大直径的管子时配合卡瓦而用的，防止钻具溜入井内。安全卡瓦由若干节卡瓦体通过销孔穿销连成一体，两端又通过带链插销与丝杠连接成一个可调性卡瓦。改变安全卡瓦的节数,可以适应不同尺寸的钻铤及管柱。

115. 不同管径安全卡瓦使用节数分别是多少?

卡持物体外径为 92.25~117.5mm 时,安全卡瓦使用节数为 7 节。卡持物体外径为 114.3~142.9mm 时,安全卡瓦使用节数为 8 节。卡持物体外径为 139.7~168.3mm 时,安全卡瓦使用节数为 9 节。卡持物体外径为 165.1~193.7mm 时,安全卡瓦使用节数为 10 节。卡持物体外径为 190.5~219.1mm 时,安全卡瓦使用节数为 11 节。卡持物体外径 215.9~244.5mm 时,安全卡瓦使用节数为 12 节。卡持物体外径 241.3~269.9mm 时,安全卡瓦使用节数为 13 节。安全卡瓦最大负荷均为 225kN。

116. 吊钳的用途是什么?

吊钳分为外钳和内钳,工作时相互协作,主要在起下钻、下套管作业时上卸钻具螺纹及紧扣。

117. 吊钳的类型有哪些?

按扣合钻具尺寸分为 B 形吊钳和套管吊钳。按操作方式分为手动吊钳和液压大钳。目前,国内现场普遍采用 B 形吊钳和液压大钳。B 形吊钳扣合尺寸范围为 88.9~298.4mm,用更换钳头的方法可上卸不同尺寸的管子。

118. 井控的主要目的是什么?

井控是保证石油天然气井井下作业安全的关键技术。做好井控工作,既有利于保护油气层,又可有效地防止井喷、井喷失控或着火事故的发生,避免无必要的经济损失和人身伤亡。

119. 井控工作包括哪些内容？

井控工作包括井控设计、钻开油气层前的准备、防火安全措施、防硫化氢安全措施、技术培训和防喷演习等内容。

120. 井控装置由哪几部分组成？

（1）钻井井口（又称防喷装置，包括防喷器组、四通、套管头、过渡法兰等）。

（2）井控管汇（包括节流管汇、压井管汇、放喷管线以及压井管线、注水管线等）。

（3）钻具内防喷工具（包括钻具回压阀、方钻杆上下旋塞、投入式止回阀等）。

（4）监测和预报地层压力的井控仪器仪表。

（5）钻井液净化、除气、加重、起钻自动灌钻井液等设备。

（6）适于特殊作业和井喷失控后处理事故的专用设备和工具（包括自封头、不压井起下钻装置，灭火设备等）。

（7）用于开关防喷器和液动放喷阀的防喷器控制系统。

121. 防喷单根的作用是什么？

备用防喷单根的目的是在起下钻铤发生溢流时，可较快地实现关井，且在关井时将闸板放在距防喷单根外螺纹接头附近，可以防止井内压力上顶钻具造成钻铤全部喷出井筒。防喷单根的内螺纹端接方钻杆旋塞，外螺纹端接与钻铤相配的转换接头（如为塔式钻具，则应备用相应的转换接头在钻台上）。防喷单根应放在坡道上以便随时可用。

122. 钻具内防喷工具的配备标准有哪些？

（1）探井、气井和安装环形防喷器的井，接方钻杆上旋塞、方钻杆下旋塞，备用钻具止回阀和旋塞。

（2）其他井，接方钻杆下旋塞，备用钻具止回阀和旋塞。旋塞开关扳手放在钻台工具箱上，有专人管理。

（3）安装防喷器的井，备用一根防喷钻杆。防喷钻杆是在钻杆内螺纹端接旋塞并紧扣的钻杆，旋塞处于常开状态，上有提环，下有螺纹保护器，钻台上有旋塞扳手。

（4）防喷钻杆在钻进时放置在滑道左侧的钻杆支架上，其他工况放置在大门坡道上。

（5）如果钻具组合中的钻铤只有一种螺纹类型，且与钻杆螺纹不相同，要在防喷钻杆外螺纹端连接钻杆与钻铤内螺纹的转换接头，并紧扣。如果钻具组合中的钻铤有两种或两种以上的螺纹类型，要在钻台上准备与不同螺纹类型钻铤内螺纹匹配的专用转换接头。

（6）在钻台上再备用一只能够与防喷钻杆中旋塞连接的钻具止回阀。

（7）防喷钻杆、钻具止回阀、专用转换接头等内防喷工具的表面应全部涂红漆。

123. 井口装置试压有哪两种方法？

（1）采用试压泵试压。

（2）用提升皮碗式堵塞器试压。

124. 什么是允许最大关井压力？

（1）套管抗内压强度的百分之八十。

（2）套管鞋附近地层破裂压力的百分之九十。

（3）防喷器工作压力。

允许最大关井压力是上述三者中的最小值。

125. 压井为什么要使用小排量？

（1）小排量循环压井泵压较低，可以减小循环设备、管汇和井口装置的负荷，有利于提高这些设备在压井作业中的可靠性，保证压井作业顺利进行。

（2）用大排量压井，会使泵压增高，设备负荷增大甚至超过工作能力，造成事故。

（3）大排量压井易压漏地层，影响压井工作顺利进行。

（4）压井排量大了，加重钻井液的速度可能跟不上。

126. 下套管时套管内为什么要按时灌满钻井液？

下套管时，由于阻流环的作用使钻井液不能进入套管内，套管充满空气。所以，会发生如下情况：

（1）由于钻井液的浮力作用，套管柱下放很慢，甚至不能下入，影响下放效率。

（2）由于钻井液液柱的压力，当套管下至某一深度后，钻井液液柱的外压力大于套管的抗外挤力时，套管发生损坏。

（3）尼龙球受到向上的压力，当压力足够大时，尼龙球被压成较深印痕。随着压力的增大，印痕加深。当尼龙球的坐封位置发生变化时，就不能有效地阻止管外液体。所以，固井施工后水泥浆可倒流流入套管内形成水泥塞。

（4）当压力大于尼龙球的承压能力时，尼龙球即损坏，井内液体迅速倒灌入套管内，井筒内液面迅速下降，使井眼失去平衡，而造成坍塌卡死套管。

127. 不同工况下溢流警报，井架工应怎么做？

（1）钻进时溢流，听到警报后迅速到节流控制箱或节流管汇处待命。

（2）起下钻杆时溢流，听到警报后未卸开螺纹的钻具应下入井内，已卸开螺纹的钻具应拉回指梁，迅速从井架上下来，到节流控制箱或节流管汇处待命。

（3）起下钻铤时溢流，听到警报后未卸开螺纹的钻具应下入井内,已卸开螺纹的钻具应拉回指梁,迅速从井架上下来,到节流控制箱或节流管汇处待命。

(4) 空井时溢流,听到警报后,听从司钻指令。如需抢下钻,迅速上二层平台,完成作业后,迅速下来到节流控制箱或节流管汇处待命。如不需抢下钻,迅速到节流控制箱或节流管汇处待命。

128. 确定钻井液密度的原则是什么?

以裸露井段的最高地层压力为依据确定钻井液密度,油层附加 $0.05 \sim 0.10 \text{g/cm}^3$,气层附加 $0.07 \sim 0.15 \text{g/cm}^3$。

129. 副司钻 HSE 职责是什么?

(1) 直接负责全班 HSE 工作,协助司钻抓好各项制度的贯彻执行。向上对司钻负责,向下对本班员工负责。

(2) 对本岗位所管理的设备、工具、操作负安全责任,事故隐患、不安全行为或发生的任何大小事故及化学药品泄漏情况及时向司钻、HSE 监督员、值班干部等汇报。

(3) 负责钻井泵的维护、保养和合理使用。

(4) 负责防喷器和泵房工具的管理、检查和清洁。

(5) 协助钻井液工管好钻井液,出现复杂情况时注意钻井液池液面的变化;起下钻时负责向井内灌注好钻井液。

(6) 负责班前会 HSE 讲话、班后会 HSE 总结。

130. 副司钻岗位巡回检查路线是什么?

值班房→循环罐→储备罐→工具台→2 号泵→1 号泵→高压管汇→井口液压防喷器→压井管汇→远程控制台→井口→照明→加重材料。

131. 内钳工接班前的检查路线是什么?

值班房→指重表→吊钳→绞车→电磁刹车(水刹车)→

井口工具。

132. 内钳工接班前的检查内容是什么？

(1) 值班房：钻台设备运转记录。

(2) 指重表：清洁。

(3) 吊钳：①大钳固定销、开口销齐全完好；②牙板符合规定，上、下部用开口销固定；③大钳扣合销转动灵活，润滑保养良好；④大钳吊绳采用 $\phi 12.7mm$ 钢丝绳，无打结、断丝；⑤滑轮悬吊位置合适，栓固牢靠，滑轮封口；⑥吊臂无变形、裂纹，大钳平衡符合要求，不得电焊；⑦尾绳采用 $\phi 22.2mm$ 钢丝绳，长度合适；⑧尾绳绳端卡三个卡子，卡距是绳径 6～8 倍，尾绳无断丝，无打结、锈蚀。⑨钳尾销齐全牢固，大小销须有保险销；⑩尾绳固定处护圈完好。

(4) 绞车：①绞车各轴承固定螺钉齐全、紧固；②链片和销子完好，链条润滑良好；③离合器螺钉齐全、紧固，摩擦片大小销子齐全；④绞车护罩齐全、固定牢靠；⑤排绳器运行正常。

(5) 电磁刹车：①挂摘灵活；②刹冷却水循环畅通，应用软化水，水罐口密封；③冬季要防冻，使用前后要预热、放水、吹干；④循环管线、水龙头、气龙头不刺不漏。

(6) 井口工具：①吊卡灵活好用，吊卡台阶磨损不超过 10mm，吊卡销子使用 $\phi 16mm$ 的正规保险销子，上下穿通；②各种卡瓦大小销子连接牢靠，灵活好用，摆放整齐；③钻头盒手把、盖板结实无裂痕；④钻杆单流阀、方钻杆上下旋塞工作正常；⑤滚子方补心螺栓紧固，滚子转动灵活。

133. 外钳工接班前的检查路线是什么？

值班房→井架底座→液压大钳→钻台→井场→其他。

134. 外钳工接班前的检查内容是什么？

（1）值班房：钻台设备运转记录。

（2）井架底座：底座各固定销齐全紧固，钻台上下清洁、无杂物。

（3）液压大钳：①液压大钳吊绳用 $\phi15.9mm$ 钢丝绳，无打结、断丝；②液压大钳用 50kN 封口滑轮，固定在天车大梁上，牢固可靠；③移送气缸两端固定牢靠，保险销齐全；④移送气缸与液压大钳本体栓保险绳（$\phi12.7mm$）；⑤移送气缸安装位置符合标准（高度、角度、距离）；⑥移送气缸密封良好，伸缩自如、灵活，无漏气现象；⑦大钳本体不刺不漏，油底壳无渗漏；⑧换向阀气门手柄灵活可靠、固定牢靠；⑨钳头牙板固定牢靠，上下螺钉齐全；⑩液气管线不刺、不漏，接头无渗漏；⑪动力源运转正常，本体、阀体管线无刺漏现象；⑫调压、溢流阀工作正常；⑬油位符合要求。

（4）钻台：①工具箱整洁、工具齐全、无损坏；②黄油枪完好、使用灵活；③钻杆钩子、管钳及链钳清洁、好用。

（5）井场：①各种绳套、旋绳规格符合要求；②钻具摆放整齐，护丝齐全、完好；③废料回收堆放；④材料爬犁整洁。

（6）其他：①逃生滑梯清洁、无杂物，固定牢靠，防护链完好；②警示牌齐全完好，固定牢靠；③钻台栏杆、梯子、扶手固定牢靠，前大门防护链完好。

135. 液压大钳常见故障现象是什么？

（1）钳头不动。

（2）无空挡。

（3）上卸扣时上钳或下钳打滑。

（4）有高挡无低挡或有低挡无高挡。

（5）换挡不换速。

（6）高挡压力上不去。

（7）低挡压力上不去，螺纹卸不开，油路正常，上钳不转。

（8）只有一个转速。

（9）钳头转速不够。

（10）钳头打滑。

（11）扭矩不够。

（12）液压马达转动而钳头不转或转动无力。

（13）变速箱内流出较多机油。

136. Q10Y-M 型液压大钳的主要组成有哪些？

（1）行程变速箱。

（2）减速装置。

（3）钳头。

（4）气控系统。

（5）液压系统。

137. 润滑方式有哪些？

向摩擦表面供给润滑剂的方法分为压力润滑、循环润滑、飞溅润滑、滴油润滑、油浴润滑、油环润滑、油绳润滑、油雾润滑等。

138. 什么是设备新度系数？

设备新度系数是反映企业设备的新旧程度的参数。设备新度系数＝账面值/设备原值。

139. 链轮的报废标准是什么？

（1）工作表面磨损超过 2mm，需更新。

（2）可调头链轮两面磨损超过极限尺寸，需更新。

（3）个别齿形损坏、断裂超过 1/3 齿高，需更新。

（4）链轮径向跳动超过 0.5 mm，端面跳动量超过 1 mm，应更新。

(5) 链轮孔径磨损超过允许尺寸,应焊补修复。

140. 转盘空转试车应检查哪些内容,达到什么标准?

(1) 转动时,齿轮允许有轻微均匀的响声,但无振动声、敲击声,水平轴运转平稳。

(2) 油池内的温度不超过70℃。

(3) 转台密封可靠,各处均无漏油现象。

(4) 转台在水平垂直方向的摆动不超过3mm。

(5) 转台锁销易于挂摘,并在任何方向能可靠地制动转台。

141. 气动小绞车的常见故障现象是什么?

(1) 小绞车提升重量达不到额定重量。

(2) 修理后启动运转困难。

(3) 气马达运转时有异常响声。

(4) 刹车失灵。

(5) 从内齿圈漏失润滑油。

(6) 气马达过热。

(7) 离合器端盖处异常发热。

142. 绞车常见故障现象有哪些?

(1) 刹把刹到最低位置刹不住车。

(2) 刹车气缸不灵。

(3) 未挂离合器,猫头轴就转动。

(4) 大钩提升时有打滑现象。

(5) 转盘旋转缓慢、转盘或滚筒开动不灵。

(6) 在无载荷时大钩下降缓慢。

(7) 挂挡失灵。

(8) 润滑油温度高(超标)。

(9) 绞车有异常响声。
(10) 漏油。

143. XSL 系列气动旋扣器常见故障现象是什么?

(1) 旋扣器马达不转。
(2) 旋扣时达不到额定扭矩。
(3) 旋扣器马达转动有力但方钻杆不转。

144. XSL 系列气动旋扣器马达不转的故障原因是什么?

(1) 压缩空气压力不足或没气。
(2) 继气器冻结或损坏。
(3) 气路损坏。
(4) 马达风片损坏卡死。
(5) 齿轮箱内有杂物。
(6) 旋扣器马达轴承损坏卡死。
(7) 旋扣器马达不转故障排除方法。

145. XSL 系列气动旋扣器压缩空气压力不足或没气的处理方法是什么?

(1) 检查压风机,调整气源压力。
(2) 打开气源开关。

146. XSL 系列气动旋扣器继气器冻结或损坏的处理方法是什么?

(1) 为继气器解冻。
(2) 检查更换继气器。

147. XSL 系列气动旋扣器齿轮箱内有杂物的处理方法是什么?

(1) 清除齿轮箱内有杂物。
(2) 清洗齿轮箱。

148. 离心泵不上水的主要原因是什么?

吸水管或密封盒漏气,引水没有灌满,莲蓬头、吸水管、叶轮壳体内有杂物或堵塞,掉叶轮或断片,转速不够等。

149. 旋流器底流呈张开的衣裙状排出或成柱状排出的原因和处理方法是什么?

是旋流器进液压力不足、进液口堵塞或阀未全开、泵磨损严重等。

150. 水龙带摆动严重的主要原因是什么?

(1) 钻井泵上水不好,液力端或低压部分工作不正常,有吸气现象。

(2) 钻井液遭气侵,吸水管线或低压法兰有漏气现象。

(3) 泵的阀或活塞工作不正常,各缸上水不均。

(4) 空气包充气压力不合适等原因。

151. 卧式砂泵轴承过热的原因有哪些?

(1) 润滑油太多或太少。

(2) 油中有杂质。

(3) 轴承磨损。

152. 修理天车时天车轮轴承怎样合理安装使用?

由于天车轮轴承在使用中快绳一侧磨损最严重,死绳一侧磨损较轻,因此,在修理中,如果各轴承都在合理使用范围内,可把快绳侧滑轮与死绳侧滑轮调换一下,原则是把磨损最严重的换到靠近死绳一侧,磨损最轻的放到最近快绳一侧,其余的都放在合适位置,以保证磨损均匀。

153. 闸板防喷器封井后观察孔有钻井液溢漏的原因及处理方法是什么?

原因是活塞杆与侧门腔密封失效。处理方法是通过二次密封装置注入二次密封脂补救。

154. 水龙头中心管不转或转动不灵活是什么原因?

冲管密封过紧,防跳轴承或负荷轴承已经损坏或间隙过小,有杂物铁屑或油不干净等原因。

二、HSE 知识

(一) 名词解释

1. 触电: 电流通过人体与大地或其他导体形成回路。

2. 静电: 由于物体与物体之间的紧密接触和分离或者相互摩擦,发生了电荷转移,破坏了物体原子中的正负电荷的平衡而产生的电。

3. 跨步电压触电: 指电气设备绝缘损坏或当输电线路一根导线断线接地时,在导线周围的地面上,由于两脚之间的电位差所形成的触电。

4. 保护接零: 在正常情况下,将电器设备不带电的导电部分与低压配电网的零线连接起来,防止漏电发生触电事故。

5. 保护接地: 在正常情况下,将电器设备不带电的导电部分与接地体连接起来,防止漏电发生触电事故。

6. 燃烧: 物质与氧化合时,产生大量的热和光的现象。

7. 闪燃: 在一定温度下,易燃、可燃液体表面上的蒸汽和空气的混合气体与火焰接触时,能闪出火花,但随即熄灭,这种瞬间燃烧的过程称为闪燃。

8. 自燃: 可燃物质在没有外部明火等火源的作用下,因受热或自身发热并蓄热所产生的自行燃烧的现象。

9. 着火: 可燃物受外界火源直接作用而开始的持续燃烧。

10. 爆燃: 可燃物质(气体、雾滴和粉尘)与空气或氧气的混合物由火源点燃，火焰立即从火源处以不断扩大的同心球状自动扩展到混合物存在的全部空间，这种以热传导方式自动在空间传播的燃烧现象称为爆燃。

11. 爆炸极限：当可燃气体、可燃粉尘或液体蒸汽与空气（氧气）混合达到一定浓度时，遇到火源就会爆炸，这个浓度范围称为爆炸浓度或爆炸极限。

12. 火灾：在时间或空间上失去控制的燃烧造成的灾害。

13. 冷却法：将灭火剂直接喷射到燃烧物上，使燃烧物温度降低到燃点之下、燃烧停止的灭火方法。

14. 窒息法：降低氧浓度来灭火的方法。

15. 隔离法：关闭有关阀门，且切断流向火区的可燃气体和液体通道的灭火方法。

16. 高空作业：凡是在坠落高度基准面2m（含2m）以上，有可能坠落的高处作业称为高空作业。

17. 噪声：物体的复杂震动由许许多多频率组成，而各频率之间彼此不成简单的整数比。这样的声音听起来就不悦耳也不和谐，还会使人烦躁。这种频率和强度都不同的各种声音的杂乱组合称为噪声。

18. 固体废物：指在生产、活动和服务过程中产生污染环境的，且在一定条件下无法利用而被废弃的固态、半固态废弃物，分为工业固体废物、生活垃圾、危险废弃物。

19. 锁定：使设备实施与驱动动力完全分开的过程称为锁定。

20. 清洁生产：将整体预防的环境战略持续应用于生产过程、产品和服务中，以期提高资源利用效率并减少或消除环境污染和生态破坏。

21. 挂牌：当对设备控制系统和动力供给系统进行锁定

时，或不能采取有效方式进行完全锁定时，都必须通过悬挂标签、标牌等方式进行提示、提醒、警告、警示，这个过程和方法称为挂牌。

22. 设备事故：指设备因非正常损坏造成停产或效能降低，停机时间和经济损失超过规定限额。

(二) 问答

1. 哪些物质易产生静电？

金属、木柴、塑料、化纤、油制品等易产生静电。

2. 物质产生静电的条件是什么？

物质在高温、高压、干燥的情况下易产生静电。

3. 防止静电有哪几种措施？

（1）增加湿度。

（2）采用感应式静电消除器。

（3）采用高压电晕放电式消除器。

（4）采用离子流静电消除器。

（5）采用防静电鞋。

（6）采用防静电服经地面导电。

4. 消除静电的方法有几种？

（1）静电接地。

（2）增湿。

（3）加抗静电添加剂。

（4）使用静电中和器。

（5）工艺控制法。

5. 人体发生触电的原因是什么？

在电路中，人体的一部分接触相线，另一部分接触其他

导体,就会发生触电。触电的原因:

(1) 违规操作。
(2) 绝缘性能差漏电,接地保护失灵,设备外壳带电。
(3) 工作环境过于潮湿,未采取预防触电措施。
(4) 接触断落的架空输电线或地下电缆漏电。

6. 触电分为哪几种?

触电主要分为单相触电、两相触电、跨步电压触电三种。

7. 触电的现场急救方法主要有几种?

触电的现场急救方法主要有人工呼吸法、人工胸外心脏按压法两种。

8. 发生人身触电应该怎么办?

(1) 当发现有人触电时,应先断开电源。
(2) 在未切断电源时,为争取时间,可用干燥的木棒、绝缘物拨开电线或站在干燥木板上或穿绝缘鞋用一只手去拉触电者,使之脱离电源,然后进行抢救。若人在高处,应防止脱电后落地摔伤。
(3) 触电后昏迷但又有呼吸者应抬到温暖、空气流通的地方休息。如呼吸困难或停止,就立即进行人工呼吸。

9. 如何使触电者脱离电源?

(1) 尽快断开与触电者有关的电源开关。
(2) 用相适应的绝缘物使触电者脱离电源。
(3) 现场可采用短路法使断路器跳闸或用绝缘杆挑开导线。
(4) 脱离电源时要防止触电者摔伤。

10. 预防触电事故的措施有哪些?

(1) 采用安全电压。

(2) 保证绝缘性能。

(3) 采用屏护。

(4) 保持安全距离。

(5) 合理选用电器设备。

(6) 装设漏电保护器。

(7) 保护接地与接零。

11. 安全用电注意事项有哪些？

(1) 手潮湿（有水或出汗）不能接触带电设备和电源线。

(2) 各种电器设备如电动机、启动器、变压器等金属外壳必须有接地线。

(3) 电路开关一定要安装在火线上。

(4) 在接、换熔断丝时，应切断电源。熔断丝要根据电路中的电流大小选用，不能用其他金属代替熔断丝。

(5) 正确选用电线，根据电流的大小确定导线的规格及型号。

(6) 人体不要直接与通电设备接触，应用装有绝缘柄的工具（绝缘手柄的夹钳等）操作电器设备。

(7) 电器设备发生火灾时，应立即切断电源，并用二氧化碳灭火器灭火，切不可用水或泡沫灭火器灭火。

(8) 高大建筑物必须安装避雷器，如发现温升过高、绝缘下降，应及时查明原因，消除故障。

(9) 发现架空电线破断、落地时，人员要离开电线地点8m以外，要有专人看守，并迅速组织抢修。

12. 扑救火灾的原则是什么？

(1) 报警早，损失少。

(2) 边报警，边扑救。

(3) 先控制，后灭火。

(4) 先救人,后救物。

(5) 防中毒,防窒息。

(6) 听指挥,莫惊慌。

13. 油气站库常用的消防器材有哪些?

油气站库常用的消防器材有灭火器、消防桶、消防锹、消防砂、消防镐、消防钩、消防斧等。

14. 目前油田常用的灭火器有哪些?

目前油田常用的灭火器有泡沫灭火器、二氧化碳灭火器、干粉灭火器等。

15. 手提式干粉灭火器如何使用?适用哪些火灾的扑救?

(1) 使用方法:首先拔掉保险销,然后一手将拉环拉起或压下压把,另一只手握住喷管,对准火源。

(2) 适用范围:扑救液体火灾、带电设备火灾和遇水燃烧等物品的火灾,特别适用于扑救气体火灾。

16. 使用干粉灭火器的注意事项有哪些?

(1) 要注意风向和火势,确保人员安全。

(2) 操作时要保持竖直不能横置或倒置,否则易导致不能将灭火剂喷出。

17. 如何检查管理干粉灭火器?

(1) 放置在通风、干燥、阴凉并取用方便的地方。

(2) 避免高温、潮湿和腐蚀严重的场合,防止干粉灭火剂结块、分解。

(3) 每季度检查干粉是否结块。

(4) 检查压力显示器的指针应在绿色区域。

(5) 灭火器一经开启必须再充装。

18. 如何报火警?

一旦失火,要立即报警。报警越早,损失越小。打电话时,一定要沉着。首先要记清火警电话"119"。接通电话后,要向接警中心讲清失火单位的名称地址、什么东西着火、火势大小,以及火的范围,同时还要注意听清对方提出的问题,以便正确回答。随后,把自己的电话号码和姓名告诉对方,以便联系。打完电话后,要立即派人到交叉路口等待消防车的到来,以利于引导消防车迅速赶到火灾现场;还要迅速组织人员疏散消防通道,消除障碍物,使消防车到达火场后能立即进入最佳位置灭火救援。

19. 泵房发生火灾的应急措施有哪些?

(1) 切断通往泵房的所有电源,如值班室不能操作,应及时通知变电所切断通往本岗电源。

(2) 直接用灭火器和防火砂灭火,如火势较大,立即拨打"119"火警电话。

(3) 向值班干部汇报。

(4) 倒通事故流程。

(5) 打开所有消防通道,迎接消防车。

(6) 灭火后,认真分析火灾原因。

(7) 如果设备无损伤,应及时恢复正常生产。

(8) 做好记录。

20. 油、气、电着火如何处理?

(1) 切断油、气、电源,放掉容器内压力,隔离或搬走易燃物。

(2) 刚起火或小面积着火时,在人身安全得到保证的情况下要迅速灭火,可用灭火器、湿毛毡、棉衣等灭火。若不能及时灭火,要控制火势,阻止火势向油、气方向蔓延。

(3) 大面积着火或火势较猛时,应立即报火警。

(4) 油池着火,勿用水灭火。

(5) 电器着火,在没切断电源时,只能用二氧化碳、干粉等灭火器灭火。

21. 压力容器泄漏、着火、爆炸的原因及消减措施是什么?

压力容器泄漏、着火、爆炸的原因:

(1) 压力容器有裂缝、穿孔。

(2) 窗口超压。

(3) 安全附件、工艺附件失灵或与容器结合处渗漏。

(4) 工艺流程切换失误。

(5) 容器周围有明火。

(6) 周围电路有阻值偏大或短路等故障发生。

(7) 雷击起火。

(8) 有违章操作(如使用非防爆手电,使用非防爆工劳保服装等)现象。

消减措施:

(1) 压力容器应有使用登记和检验合格证。

(2) 加强管理,消除一切火种。

(3) 按压力容器操作规程进行操作。

(4) 对压力容器定期进行检查和检验,并有检验报告。

(5) 工艺切换严格执行相关操作规程。

(6) 严格执行巡回检查制度。

(7) 做好防雷设施,定期测量接地电阻。

(8) 定期对安全附件进行校验和检查。

22. 吊卡使用注意事项有哪些?

(1) 吊卡规格与钻具尺寸相符,负荷台阶平整无严重变形、磨损，活页销、保险销滑润、活门扣合灵活、安全可靠。

（2）起下钻或下套管时必须使用保险插销和小补心，坐吊卡时禁止猛顿猛砸，严禁崩扣操作。

（3）禁止超负荷使用，禁止将绳套扣在吊卡内提拉重物。

（4）吊卡坐转盘时应避开方瓦锁销并摆正，使其两端受力均匀。

23. 为什么要使用防爆电气设备？

有石油蒸气的场所，电气设备发生短路、碰壳接地、触头分离等情况，会产生电火花，可能引起油蒸气爆炸，因此，在有石油蒸气场所，必须使用防爆型电气设备。

24. 哪些场所应使用防爆电气设备？

（1）在输送、装卸、装罐、倒装易燃液体的作业场所应使用防爆电气设备。

（2）在传输、装卸、装罐、倒装可燃气体的作业场所应使用封闭式电气设备。

例如，在石油蒸气聚集较多的轻油泵房、轻油罐桶间等场所，所使用的电动机、启动器、开关、漏电保护器、接线盒、插座、按钮、电铃、照明灯具等，都必须是防爆电气设备。

25. 有哪些防爆措施？

在爆炸条件成熟以前采取下述措施防爆：

（1）加强通风，降低形成爆炸混合物的浓度，降低危险等级。

（2）合理配备现代化防爆设备。

（3）采取科学仪器，从多方面监测爆炸条件的形成和发展，以便及时报警。

26. 高空作业级别是如何划分的?

（1）作业高度在 2～5m 时，称为一级高空作业。

（2）作业高度在 5～15m 时，称为二级高空作业。

（3）作业高度在 15～30m 时，称为三级高空作业。

（4）作业高度在 30m 以上时，称为特级高空作业。

27. 登高巡回检查应注意什么?

（1）五级以上大风、雪、雷雨等恶劣天气，禁止登高检查。

（2）禁止攀登有积雪、积冰的梯子。

（3）2m 以上的登高检查和作业时必须系安全带。

28. 高处坠落的原因是什么?

（1）扶梯腐蚀、损坏。

（2）上梯人数超过规定。

（3）冰雪天气操作时未做好防滑措施。

（4）在设备上操作时未佩戴安全带或安全带悬挂位置不合适。

29. 高处坠落的消减措施是什么?

（1）做好防腐工作并定期检查。

（2）一次上梯人数不能超过三人。

（3）冰雪天气操作前做好防滑措施，可采用砂子防滑。

（4）在设备上操作时，应按规定佩戴安全带并选择合适位置。

30. 安全带通常使用期限为几年？几年抽检一次?

安全带通常使用期限为 3～5 年，发现异常应提前报废。一般安全带使用 2 年后，按批量购入情况应抽检一次。

31. 使用安全带时有哪些注意事项?

(1) 安全带应高挂低用,注意防止摆动碰撞,使用 3m 以上的长绳时应加缓冲器,自锁钩用吊绳例外。

(2) 缓冲器、速差式装置和自锁钩可以串联使用。

(3) 不准将绳打结使用,也不准将钩直接挂在安全绳上使用,应挂在连接环上用。

(4) 安全带上的各种部件不得任意拆卸,更换新绳时应注意加绳套。

32. 哪些原因容易导致发生机械伤害?

(1) 工具、夹具、刀具不牢固,导致工件飞出伤人。

(2) 设备缺少安全防护设施。

(3) 操作现场杂乱,通道不畅通。

(4) 金属切屑飞溅。

33. 为防止机械伤害事故,有哪些安全要求?

对机械伤害的防护要做到"转动有罩、转轴头有套、区域有栏",防止衣袖、发辫和手持工具被绞入机器。

34. 机泵容易对人体造成哪些直接伤害?

(1) 夹伤:在工作中使用工具不当时会夹伤手指。

(2) 撞伤:在受到机泵的运动部件的撞击时会造成伤害。

(3) 接触伤害:当人体接触到机泵高温或带电部件时造成伤害。

(4) 绞伤:头发、衣物等卷入机泵的转动部件造成伤害。

35. 哪些伤害必须现场抢救?

触电、中毒、淹溺、中暑、失血必须现场抢救。

36. 起下钻过程中井架工有哪些注意事项?

(1) 在起下钻时,注意听天车有无异常响声。

(2) 下钻钶立柱时,注意提升短节有无倒扣。

(3) 不准从井架上往钻台、地面扔任何东西。

(4) 钻具在井口上卸扣时,认真观察,防止吊卡活门被甩开。

(5) 在急刹车、振动大的情况下,注意观察天车钢丝绳,防止跳槽。

37. 有害气体中毒急救措施有哪些?

(1) 气体中毒开始时有流泪、眼痛、呛咳、眼部干燥等症状,应引起警惕,稍重时头昏、气促、胸闷、眩晕,严重时会引起惊厥昏迷。

(2) 怀疑可能存在有害气体时,应立即将人员撤离现场,转移到通风良好处休息,抢救人员进入险区必须佩戴正压式空气呼吸器。

(3) 已昏迷病员应保持气道通畅,有条件时给予氧气呼入,呼吸心搏骤停者按心肺复苏法抢救,并联系急救部门或医院。

(4) 迅速查明有害气体的名称,供医院及早对症治疗。

38. 烧烫伤急救要点是什么?

(1) 迅速熄灭身体上的火焰,减轻烧伤。

(2) 用冷水冲洗、冷敷或浸泡肢体,降低皮肤温度。

(3) 用干净纱布或被单覆盖和包裹烧伤创面,切忌在烧伤处涂各种药水和药膏。

(4) 可给烧伤伤员口服自制烧伤饮料糖盐水,切忌给烧伤伤员喝白开水。

(5) 搬运烧伤伤员时动作要轻柔、平稳,尽量不要拖拉、滚动,以免加重皮肤损伤。

39. 触电急救有哪些原则？

进行触电急救应坚持迅速、就地、准确、坚持的原则。

40. 触电急救要点是什么？

（1）迅速切断电源。

（2）当无法立即切断电源时，用绝缘物品使触电者脱离电源。

（3）保持呼吸道畅通。

（4）立即呼叫"120"急救电话，请求救治。

（5）如呼吸、心跳停止，应立即进行心肺复苏。

（6）妥善处理局部电烧伤的伤口。

41. 如何判定触电伤员呼吸、心跳？

触电伤员如意识丧失，应在10s内，用看、听、试的方法，判定伤员呼吸心跳情况。

看：看伤员的胸部、腹部有无起伏动作。

听：用耳贴近伤员的口鼻处，听有无呼气声音。

试：试测口鼻有无呼气的气流，再用两手指轻试一侧（左或右）喉结旁凹陷处的颈动脉有无搏动。

若看、听、试结果既无呼吸又无颈动脉搏动，可判定呼吸心跳停止。

42. 心肺复苏有效的特征是什么？

（1）脸色转红。

（2）瞳孔收缩到正常大小。

（3）恢复可知的呼吸及有血液循环表征。

（4）有知觉、呻吟等。

43. 高空坠落急救要点是什么？

（1）坠落在地的伤员，应初步检查伤情，不要搬动摇晃。

(2) 立即呼叫"120"急救电话,请求救治。

(3) 采取初步急救措施:止血、包扎、固定。

(4) 注意固定颈部、胸腰部脊椎,搬运时保持动作一致平稳,避免脊柱弯曲扭动加重伤情。

44. 如何进行口对口(鼻)人工呼吸?

在保持伤员气道通畅的同时,救护人员用放在伤员额上的手的手指捏住伤员鼻翼。救护人员深吸气后,与伤员口对口紧合,在不漏气的情况下,先连续大口吹气两次,每次 1~1.5s。如两次吹气后试测颈动脉仍无搏动,可判断心跳已经停止,要立即同时进行胸外按压。除开始时大口吹气两次外,正常口对口(鼻)呼吸的吹气量不需过大,以免引起胃膨胀,吹气和放松时要注意伤员胸部应有起伏的呼吸动作。触电伤员如牙关紧闭,可口对鼻人工呼吸。口对鼻人工呼吸吹气时,要将伤员嘴唇紧闭,防止漏气。

45. 如何对伤员进行胸外按压?

(1) 救护人员右手的食指和中指沿触电伤员的右侧肋弓下缘向上,找到肋骨和胸骨接合处的中点。

(2) 两手指并齐,中指放在切迹中点(剑突底部),食指平放在胸骨下部。

(3) 另一只手的掌根紧挨食指上缘,置于胸骨上,找准正确按压位置。

(4) 救护人员的两肩位于伤员胸骨正上方,两臂伸直,肘关节固定不屈,两手掌根相叠,手指翘起,不接触伤员胸壁。

(5) 以髋关节为支点,利用上身的重力,垂直将正常人胸骨压陷 3~5cm(儿童和瘦弱者酌减)。

(6) 压至要求程度后,立即全部放松,但放松时救护人员的掌根不得离开胸壁。按压必须有效,有效的标志是按压过程中可以触及颈动脉搏动。

46. 心肺复苏法操作频率有什么规定?

(1) 胸外按压要以均匀速度进行,每分钟 80 次左右,每次按压和放松的时间相等。

(2) 胸外按压与口对口(鼻)人工呼吸同时进行,其节奏为:单人抢救时,每按压 15 次后吹气 2 次(15∶2),反复进行;双人抢救时,每按压 5 次后由另一人吹气 1 次(5∶1),反复进行。

47. 几种危害识别的方法是什么?

危害和环境因素识别的方法有:工作危害分析(JHA)、安全检查表(SCL)、故障假设分析(WI)、预危害性分析(PHA)、失效模式与影响分析(FMEA)、危险与可操作性研究(HAZOP)、事件树分析(ETA)、故障树分析(FTA)等等。

48. PDC 钻头下井之前有哪几点最主要的注意事项?

(1) 地层岩性与钻头齿型是否匹配。
(2) 井底是否干净无金属落物。
(3) 井下情况是否良好。
(4) 钻井液性能是否良好。
(5) 下井钻具是否完好无损。
(6) 地面动力及循环设备能否长时间连续运转。
(7) 固控设备是否完好。

49. 卡瓦使用注意事项是什么?

(1) 应根据井内钻具选择合适的卡瓦尺寸。
(2) 检查卡瓦牙的锋利程度,不能松动,不能装反,是否清洁,螺钉、开口销是否齐全、紧固,连接轴销应转动灵活。

(3) 井深 1000m 以后必须使用双吊卡起下钻,禁止用卡瓦配吊卡起下钻。

(4) 起下钻铤时,卡瓦应配合安全卡瓦一起使用。卡瓦距内螺纹端面 50cm,安全卡瓦距卡瓦 5cm。

(5) 井口操作人员应站在卡瓦旋转范围以外,以防转动时打伤腿脚。

50. 设备的不安全状态主要表现有哪些?

(1) 保护装置不全。

(2) 保险装置不全。

(3) 警报装置不全。

(4) 制动装置不全。

(5) 连锁装置不全。

(6) 超压、超温、超负荷运转。

(7) 设备带病工作。

(8) 缺油、缺水、缺保养等。

51. 司钻交接班九交九不接有哪些?

(1) 交任务完成情况,存在问题不接。

(2) 交质量要求和措施,不清不接。

(3) 交设备运转、保养、资料,不全不接。

(4) 交井下情况、钻具结构,不清不接。

(5) 交仪表,不完好、不准、不灵敏不接。

(6) 交安全设施,不清不接。

(7) 交井控设施的状态及保养情况,不好不接。

(8) 交科研攻关、内容措施,不清不接。

(9) 交为下班应做好的生产准备,不好不接。

52. 处理卡钻时为什么不能用土坑将原油与钻井液混合?

用土坑将原油与钻井液混合这种做法造成的浪费极为严重,混在土中的原油不易被清理干净,会造成污染,不利于井场复耕。

53. 流血不止怎么办?

(1) 四肢或手指出血,应该马上用一块干净的纱布或较宽的干净布条将伤口紧紧地包扎住。如有条件,最好撒一些云南白药在伤口上再包扎。

(2) 如果是鼻子出血,可以把头仰起,用手指紧压住出血一侧的鼻根部,一直到不出血为止。如果有干净棉球,可以把棉球塞进鼻孔里压迫止血。另外,可以用冷水浇在后脑部,这样会使血管收缩,从而达到止血的目的。

54. 放喷管线出口的位置有什么要求?

放喷管线出口不得正对电力线、住宅区及其他障碍物,如有上述障碍物,距离不得小于50m,与油罐距离不得小于3m。

55. 开钻前钻鼠洞时的主要风险有哪些?

(1) 高空落物伤害人员。
(2) 下放倾角过大大钩刮坏井架。
(3) 钻头、接头螺纹倒开,砸伤人员。
(4) 循环系统不畅造成高压伤害。
(5) 吊鼠洞时易摆动伤人。

56. 操作井控装置时都有哪些风险?

(1) 关防喷器时不关泵,导致憋泵,对人员造成伤害。
(2) 井内有钻具时误操作,关闭全封闸板,造成切断钻具事故。

57. 钻进作业时通过哪些措施削减岗位风险？

(1) 保持悬吊系统设施的完整性。

(2) 按司钻巡回检查路线全面认真检查，指重表、泵压表工作应正常，刹把高低合适，刹车灵敏。

58. 危险辨识的主要环节有哪些？

(1) 危险源类型。

(2) 可能发生的事故模式及后果预测。

(3) 事故发生的原因及条件分析。

(4) 设备的可靠性，即设备的安全状况。

(5) 人机工程，即人机环境之间的匹配。

(6) 安全措施，即控制危险源的手段与方法。

(7) 应急措施。

59. 基层作业队主要突发事故应急程序包括哪些？

(1) 溢流和井喷失控应急程序。

(2) 防硫化氢应急程序。

(3) 流行性和传染性疾病应急程序。

(4) 人员伤亡事故应急程序。

(5) 恐怖袭击应急程序。

(6) 火灾事故应急程序。

(7) 交通事故应急程序。

(8) 自然灾害应急程序。

60. 消防演习都有哪些程序？

(1) 钻台发出消防演习警报。

(2) 所有人员都到上风口的集合地点集合；钻台上司钻和内钳工坚守岗位。

(3) 到集合地点集合后，将起火地点提示给带班队长，带班队长为消防队队长,统一指挥消防演习。

(4) 机房司机立即到井场大门口,阻止任何人员和车辆入井场。

(5) 电工到配电房等候指令。

(6) 外钳工负责检查消防泵以及倒阀门,完毕向带班队长汇报。

(7) 副司钻、井架工、场地工负责向指定的地点铺设消防水龙带,副司钻同时负责阀门的开启。

(8) 副井架工、机房司机手提灭火机跑向指定地点,并模拟灭火状态。

(9) 水龙带铺伸完毕接好水枪后,带班队长下令启动消防水泵。

(10) 进行灭火。

(11) 灭火完毕,带班队长向甲方汇报,并向钻台示意,两声短笛表示演习结束。

(12) 将消防器材归位。

61. 怎样预防静电事故的发生?

(1) 易产生静电的设备、设施及装置必须做好接地工作。

(2) 增强环境的湿度,降低温度,尽量减少环境中易燃易爆粉尘或气体的浓度。

(3) 改进生产工艺,使静电中和或不产生静电。

62. 怎样处理低压触电?

(1) 若触电地点有开关,立即断开。

(2) 若触电地点无开关,用电工钳或干木柄挑开电线。

(3) 若电线拱落在人身上,可用干燥衣服、手套、绳、木板拉人或拉开电线。

(4) 若触电者衣服干燥,可拉衣服把人拉开。

63. 怎样处理高压触电？

(1) 立即通知有关部门停电。

(2) 戴绝缘手套，穿绝缘鞋，用相应电压等级的绝缘工具拉开开关。

(3) 抛掷裸线接地，迫使短路装置动作，断电源，注意勿抛到人身上。

64. 硫化氢对人体危害的生理过程是怎样的？

(1) 硫化氢通过口腔、呼吸道、肺部进入血液及全身各器官。

(2) 刺激呼吸道，使嗅觉钝化、咳嗽、灼伤。

(3) 眼睛被刺痛，严重时失明。

(4) 刺激神经系统，导致头晕，丧失平衡，呼吸困难。

(5) 心脏加速，严重时缺氧而死。

65. 发生火灾时应采取哪些措施？

(1) 稳定情绪，争取时间，尽快脱离现场。

(2) 选择通道果断脱离。如果楼梯已经起火但火势不很猛烈，可披上用水浸湿的衣服或被单由楼上快速冲下。如果楼梯火势很猛烈而不能强行通过，可以利用绳子或把床单撕成布条连接成绳子，将一端拴在牢固的地方，再顺着绳子从窗户滑下。逃离时千万不要乘电梯，以防电路断掉后被困在电梯中。

(3) 争取时间，等待救援。

66. 钻井生产会产生哪些噪声？

(1) 机械噪声。

(2) 作业噪声。

(3) 事故噪声。

(4) 机加工噪声。

67. 怎样维护保养钻井泵的安全阀?

安全阀销钉应按照钻井泵额定工作压力穿在规定位置上,不得使用其他材料代替,阀盖、压力标牌齐全完好,定期检查。

68. 操作井控装置时都有哪些风险?

(1) 关防喷器时不关泵,导致憋泵,对人员造成伤害。

(2) 井内有钻具时误操作,关闭全封闸板,造成切断钻具事故。

69. 起下钻时副司钻岗位有哪些风险?

(1) 司钻台控制系统失灵产生的重大伤害。

(2) 上顶下砸对人员造成的重大伤害。

(3) 操作者不按操作规程操作造成的危害。

(4) 修理时不通知司钻,不挂警示牌,不摘泵房离合器,司钻可能挂错挡伤害正在进行修理作业的副司钻。

70. 更换钻井泵缸套和活塞都有哪些作业程序?

(1) 关闭钻井泵上水阀门。

(2) 关闭灌注泵阀门。

(3) 打开泄压管线阀门。

(4) 准备好待安装的适用缸套和垫圈、活塞。

(5) 切断电动、气动部件,确保泵不转动。

71. 更换钻井阀座都有哪些作业程序?

(1) 切断气控部件,确保钻井泵不发生转动。

(2) 作业人员按标准穿戴好安全帽、护目镜、工作服、劳保鞋、分指手套。

(3) 作业人员熟悉作业工序与需要更换的阀体及阀座

规格。

(4) 保证作业环境光线充足。

72. 井架工（班组安全员）有什么安全职责？

(1) 模范遵守安全规章制度,坚持原则,制止违章作业,对本班的安全生产工作负责。

(2) 主持本班的安全生产活动,搞好职工的安全培训和教育。

(3) 督促、检查本班职工正确使用安全防护用品,搞好安全防护装置和设施的管理、保养。

(4) 检查岗位安全生产情况,发现事故隐患及时消除并立即向值班干部汇报。

(5) 发生事故时,除积极抢救外,还应保护好现场。

73. 检查施工现场提出"五不准"的安全要求是什么？

(1) 不戴安全帽不准进入现场。

(2) 没有动火审批不准动火。

(3) 不系安全带不准高空作业。

(4) 没有检查的起重设备不准起吊。

(5) 危险区没有安全栏杆或没有监护不准作业。

第三部分 基本技能

一、操作技能

1. 钻进中刹把操作

准备工作：

(1) 正确穿戴劳动保护用品。

(2) 设备、工用具、材料准备：刹带调节专用扳手 2 把，螺纹脂刷 1 个，钢丝刷 1 个，螺纹脂 5kg。

操作程序：

(1) 检查：指重表、泵压表工作是否正常；刹把高低是否合适，刹车是否灵敏；小鼠洞是否有钻杆单根。

(2) 钻进：

①身体直立右手心向下握住刹把，左手扶转盘气开关，正视指重表，斜视泵压表、滚筒和转盘，精力集中。

②泵压正常，钻头距井底 1m 左右，左手两次挂合转盘气开关，右手轻抬刹把下放钻具，钻压由小到大逐渐加至设计钻压，在设计钻压范围内控制刹把使滚筒均匀转动送钻。合

理控制钻速及下放速度。随时注意指重表、泵压表的变化,准确判断井下情况。

③突然出现钻时加快或钻具放空、泵压降低和悬重下降时,应及时停止钻进,收集相关数据,确认无异常后方可继续钻进。

④钻进过程中防碰装置必须处在正常工作状态,并做好检查记录。

(3) 接单根操作:

①钻完方入刹住滚筒,钻压减少 30~50kN,摘转盘气开关,待转盘停稳后一次挂合离合器,快绳下移时松开刹车手柄,单根内接头出转盘面 0.5m 刹车后,停泵,扣好吊卡摆正后慢放钻具坐吊卡,大钩弹簧松回 2/3 左右,指重表回至空悬重左右刹住滚筒。

②卸扣后上提方钻杆使外螺纹高出内接头 0.2m,小鼠洞对扣,待用自动上扣器上扣、液压大钳上紧扣后合离合器,方钻杆起升单根起出小鼠洞 3/4 时摘离合器,单根提出小鼠洞后及时刹车,与井口钻具对扣。

③液压大钳按规定扭矩上紧扣,上提钻具离开吊卡 0.2m 后刹车开泵。钻井液返出井口、泵压正常后再慢慢下放钻具,眼看指重表、立柱压力表。方钻杆接头过转盘面时驱动转盘使方补心进方瓦,启动转盘恢复钻进。

操作安全提示:

(1) 钻进时严禁离开司钻操作台。

(2) 应及时清理钻台面上的泥浆、冰、油、水等介质,或采取防滑措施。

2. 起下钻作业司钻刹把操作

准备工作:

(1) 正确穿戴劳动保护用品。

（2）设备、工用具、材料准备：刹带调节专用扳手2把，螺纹脂刷1个，钢丝刷1个，螺纹脂5kg，大绳，死活绳头。

操作程序：

（1）检查：指重表、刹车系统及防碰天车工作是否正常，气压是否在0.5~0.7MPa内。

（2）起钻：

①挂好吊卡后，两次挂合低速气开关拉紧大钩弹簧，再挂低速上提钻具。右手不离刹把，左手不离气开关，眼看指重表，侧视井口及滚筒钢丝绳缠绕层数（或看起出的钻具接头数）判断游车位置，立柱下接头出转盘面后及时摘低速，距转盘面0.5m刹车，井口吊卡扣好摆正后，缓慢下放钻具坐上吊卡，放松大钩负荷。

②卸扣后合低速上提立柱，使外螺纹高出内螺纹0.2m刹车，慢松刹车手柄（或慢抬刹把）送立柱进钻杆盒，抬头看，待井架工摘开吊卡拉立柱进二层台后，下放并目送游车过指梁，微合转盘气开关调整井口吊卡方向。

③空吊卡下行距转盘面3m左右减速慢放，配合内钳工、外钳工摘下空吊卡，吊环挂入井口负荷吊卡，重复上述动作。

④每起钻杆3柱或钻铤1柱，必须向井内灌满钻井液。欠平衡起钻时连续灌满钻井液。

（3）下钻：

①右手扶刹把，左手合低速开关起空车，吊卡过转盘面2m后改换高速，眼看滚筒钢丝绳排列。中途摘挂高速气开关一次，检查离合器放气情况，游车过二层台及时摘高速抬头上看，井架工发出停车信号时刹车。

②待井架工发出上提信号后，上提立柱出钻杆盒，外螺纹接头高出井口钻具内接头0.2m时刹车，下放立柱对扣一次

成功，滚筒钢丝绳松回一圈刹住。

③上紧扣后，右手扶刹把，左手两次合低速上提钻具0.2m刹车，待摘开吊卡拉离井口后慢抬刹把，眼看指重表下放钻具，接头过转盘要点刹车，上单根余4~5m减慢下放速度，吊卡稳坐转盘。

④放松大钩弹簧，配合内钳工、外钳工摘开吊环挂入空吊卡，重复上述动作。

操作安全提示：

（1）夜间无灯光照明、风力在六级以上、大雾、大雪、雷雨等恶劣天气，禁止起下钻具作业。

（2）冬季温度在零度以下时，严禁使用高速提升游动系统。

（3）严禁在油气层井段高速起下管柱或在裸眼井段起钻抽汲时强行起钻。

3. 司钻下套管作业操作

准备工作：

（1）正确穿戴劳动保护用品。

（2）设备、工用具、材料准备：棕绳1条，套管卡子若干，套管护丝若干。

操作程序：

（1）检查指重表、大绳、刹车系统及防碰天车系统工作是否正常。检查手柄活动角度及压力是否合适，检查刹车是否工作正常。检查总气源压力是否在0.7~0.9MPa范围内。

（2）待风动（液压）绞车将套管单根吊入小鼠洞，解下绳套后，吊卡扣住鼠洞内套管，挂低速上提，提出0.5m后改用高速，提出鼠洞3/4摘高速，外螺纹超过井口套管内螺纹0.2~0.3m刹车。

（3）配合井口人员对扣一次成功，滚筒松回一圈刹住，液压套管钳上扣。

（4）合低速一次拉紧大钩弹簧，再次上提 0.2~0.3m 刹车，待内钳工、外钳工摘开吊卡拉离井口再慢松盘刹，眼看指重表下放套管，吊卡离转盘面 2m 左右减慢下放速度，吊卡平稳坐转盘。

（5）放松大钩弹簧，配合内钳工、外钳工摘开吊环挂入空吊卡，插入保险销，低速提起吊卡，配合井口人员扣合另一套管，重复上述动作。

（6）灌钻井液时，在 3~5m 内上下活动套管，防止粘卡。必须按照下套管技术措施向套管内灌满钻井液。

操作安全提示：

（1）严禁将套管外螺纹端高速提出小鼠洞。

（2）采用吊卡在大门坡道扣套管作业时，其他人员处于安全位置后，小绞车与游车操作平稳，确认吊卡销子销紧到位、吊卡活门扣合后，方可启动游车上提套管。

4. 校正指重表的操作

准备工作：

（1）正确穿戴劳动保护用品。

（2）设备、工用具、材料准备：手压泵 1 台，拔针器 1 套，200mm 活动扳手 1 把，45 号变压器油 5kg，200mm 螺丝刀 1 把。

操作程序：

（1）上方钻杆出转盘，扣吊卡。钻具坐于钻盘上，放松大钩全部负荷。

（2）卸松排气丝堵，卸掉管线内的压力。

（3）卸下指重表罩和表盘，用拔针器将两个指针调至零位。

(4) 装好表盘和指重表罩。

(5) 接手压泵管线,上紧排气丝堵。用手压泵向传感器泵入变压器油,使表针上升到空悬重的4倍左右。

(6) 检查指重表、传感器和液压管线。

(7) 卸松排气丝堵,排空气,试指重表指针缓慢摆回空悬重位置。

(8) 及时上紧丝堵,卸下手压泵管线。

(9) 上提方钻杆,观察指重表是否与井内钻具重量相符。

(10) 检查传感器压盘间隙是否在 8～12mm 之内。

(11) 清点工具。

操作安全提示:

(1) 放松大钩负荷时要防止水龙头歪斜或大钩脱钩。

(2) 及时转动钻具。

5. 更换绞车刹车块操作

准备工作:

(1) 正确穿戴劳动保护用品。

(2) 设备、工用具、材料准备:准备好规格相同的刹车块、新刹车固定螺钉若干,调节刹带专用扳手2把,300mm 活动扳手1把,900mm 撬杠1个,250mm 钢丝钳1把,螺丝刀1把,刹带1副,ZG-2钙基润滑脂1kg,ϕ10mm 钢丝绳若干。

操作程序:

(1) 将游车斜躺在大门坡道上,抬起刹把,停绞车动力,卸下绞车前护罩。

(2) 松开两刹带的调节螺钉,拆掉刹带吊钩及松开刹带托轮或顶丝,拆下刹带两端销子的开口销及挡圈,取出大销子,然后用撬杠把刹带拔出刹车毂,拴好绳套,用电(气)

动小绞车将刹带吊出。

（3）把更换好的刹带吊入滚筒，用撬杠拨到刹车毂上，先穿曲轴连杆与下端的销子，套上挡圈，插上开口销。下位上端刹带上端销孔与调节丝杆销孔对正，穿上大销子，套上挡圈并插上开口销，最后装上刹带吊钩。

（4）调节刹带的调节螺母使两刹带受力均匀，平衡梁保持平衡，刹把与钻台水平面的夹角为45°。调节吊钩螺帽、托带轮、前滚轮或刹带顶丝，使其符合要求。

（5）一条刹带上的刹车块要全部更换，固定螺钉要齐全、紧固。要尽量避免两刹带同时更换，以防新的刹车块贴合度差造成刹车失灵。

（6）新刹车块换好后，要抬起刹把，调节吊钩螺帽使刹带与刹车毂之间的间隙为3~5mm。刹把刹紧时，托带轮的调节间隙为2~3mm，前滚轮的调节间隙为2~5mm。

（7）清理好手工具，检查刹车曲拐周围有无杂物，挂合绞车动力，排好大绳提起游车，试刹车是否合适，然后装上绞车前护罩。

操作安全提示：

（1）装卸刹带时，不能将手放在刹带与刹车毂之间，以防挤伤手指。

（2）更换刹车块时要盖好井口，防止造成井下落物。

（3）严重失圆和扭曲的刹带不能再用，以防影响刹车效果而造成事故。

6. 更换转盘链条操作

准备工作：

（1）正确穿戴劳动保护用品。

（2）设备、工用具、材料准备：450mm活动扳手1把，

1000mm 撬杠1个，1kg 手锤1把，螺丝刀1把，228mm 接连器1副，200mm 钢丝绳，φ13mm 麻绳5根，φ9mm 钢丝绳5根，50mm 双排链条200节，50mm 链片10片，锁销4个，大小头链条片10片，轴销4个，HJ-30机油5kg，50mm 双排旧链条20节。

操作程序：

（1）检查新链条有无损伤、配件是否齐全。检查新链条的规格、节数与旧链条是否相符。

（2）卡上接链器。

（3）取下旧链条上的锁销和链片。

（4）推出链条轴销。

（5）用麻绳拉紧链条的两头，取下接链器，吊出旧链条。

（6）用气动绞车吊起新链条缓慢装入。

（7）用麻绳穿过链轮，麻绳的一头栓柱新链条。

（8）待完全装入链轮后，用麻绳拴住链条的两头，使链条两头拉紧直至能卡上接链器。

（9）紧接链器，直至能轻松插入链条轴销，然后装链片、锁销，取下接链器和麻绳。

（10）将杂物清理干净，加入机油。

（11）整理现场，清理工具。

操作安全提示：

（1）更换时，绞车处于停车状态，气开关有专人看守，统一指挥。

（2）新旧链条严禁组合使用。

7. 更换离合器气囊操作

准备工作：

（1）正确穿戴劳动保护用品。

（2）设备、工用具、材料准备：开口扳手 1 套，梅花扳手 1 套，300mm 螺丝刀 1 把，200mm 螺丝刀 1 把，200mm 钢丝钳 1 个，1.5kg 手锤 1 把，φ13mm 麻绳 5 个，新气囊 1 套。

操作程序：

（1）准备好新气囊并安装好摩擦片。

（2）卸开离合器护罩并将其吊下来，放置在合适的位置。

（3）拆下气管线和旋转导气接头总成，再拆下离合器托盘螺栓和两气囊的中间隔环连接螺栓，并注意做好记号，记住平衡块的位置。用手锤将托盘、隔环敲开。然后用电（气）动小绞车吊住托盘并慢慢取下，放置在合适的位置，再依次将两气囊隔环吊下。

（4）从钢圈上拆下坏气囊，装上组装好的新气囊。

（5）将装好的新气囊与隔环按次序套在摩擦毂上，按记号先把托盘对正位置，上紧固定螺栓。然后对正靠托盘的气囊并穿螺栓紧固，再对正隔环和另一气囊，穿螺栓紧固。

（6）装上旋转导气接头和气管线。

（7）通气试气囊，放气后摩擦片与摩擦鼓的间隙要合适。装好护罩，清理好工具。

操作安全提示：

（1）更换气囊前停绞车动力，挂牌锁定。

（2）拆装时要保护好气管线。

（3）钻具在井内时，要保持好井内循环。

8. 调整刹把的程序操作

准备工作：

正确穿戴劳动保护用品。

操作程序

（1）检查：

①将钻具用吊卡坐在转盘上,卸掉大钩负荷,大钩弹簧放松。

②摘掉绞车动力,停止转动后锁上转盘锁销,合上低速和转盘离合器气开关。

③缓慢抬起刹把,滚筒不转动。

④打开滚筒前护罩。

(2)调整:用专用扳手卸松刹带调节螺栓的锁紧螺母,转动调节螺母,顺时针转动刹把降速,逆时针转动刹把升高。两边刹带都要调节,使平衡梁保持平衡。

(3)试刹车:调整完毕,下压刹把,检查刹把的角度合适后,刹住刹把调节好背帽,紧固好护罩,摘掉转盘和低速离合器气开关,挂合绞车离合器,上提钻具1m左右试刹车,打开转盘锁销,恢复作业。

操作安全提示:

两刹带应同步调整,使其受力均匀,平衡梁处于平衡状态,刹把与水平面的夹角以45°为宜。

9. 更换死绳固定器操作

准备工作:

(1)正确穿戴劳动保护用品。

(2)设备、工用具、材料准备:200mm活动扳手2把,绳卡4个,新压板1套。

操作程序:

(1)将大钩和游动滑车放置于钻台面,卸掉大绳负荷。

(2)松开并取下死绳固定器上的大绳。

(3)用电(气)动小绞车绳吊住死绳固定器,并卸掉固定螺钉,然后将其吊放于合适位置。换死绳固定器时,操作人员要互相配合好。

(4) 用电（气）动小绞车将新死绳固定器就位，并用螺钉将其固定牢靠。新换死绳固定器一定要固定牢靠，死绳固定后不得与井架任何部位相摩擦。

(5) 检查并确认死绳固定器连接销子及保险销子齐全、紧固。死绳上两个防滑卡子的间距不得大于10cm。

操作安全提示：

用电（气）动小绞车吊、卸时，绳套要拴牢。小绞车操作者要谨慎，严防绳套拉断或绳套打滑而造成死绳固定器下落伤人。

10. 更换水龙头操作

准备工作：

(1) 正确穿戴劳动保护用品。

(2) 设备、工用具、材料准备：8kg大锤1把，卡簧钳1把，900mm撬杠1根，800mm螺丝刀1把，ϕ30mm铜棒1根，ZG-2钙基润滑脂1kg，0号柴油2kg，SL-450水龙头1个，清洗盆1个，密封填料1套，冲管1支，O形密封圈1套。

操作程序：

(1) 用大锤砸松上下密封盒压盖，卸开取下旧冲管总成。

(2) 卸下黄油嘴、螺钉、上下密封盒的O形密封圈、冲管卡簧、上密封盒，抽出冲管，拿下压盖，分别把上下密封盒里的密封压套、隔环、密封填料取出清洗干净并检查完好后待用。

(3) 将新冲管、新密封填料、隔环、上下密封盒内涂一层润滑脂，按先后顺序把密封填料装入隔环，再装入上下密封盒。把下密封盒密封压套装好用螺钉固定。

(4) 把新冲管装入下密封盒内，套上下压盖，再套上上压盖，装上上密封盒，卡上卡簧，最后装上下密封盒的O形密封圈及黄油嘴。

(5) 将装好的冲管总成装入水龙头的冲管位置,上下对正,上紧上下压盖,清理好手工具。

操作安全提示:

(1) 作业时必须切断动力源并进行锁定,设立安全标识牌,同时指定监护人。

(2) 提升水龙头时,应指挥井口人员及时撤离井口到安全区域。

11. 更换大绳操作

准备工作:

(1) 正确穿戴劳动保护用品。

(2) 设备、工用具、材料准备:新大绳1盘,连绳结1个,350mm活动扳手1把,900mm撬杠1把,8kg大锤1把,φ28mm钢丝绳1盘,大绳支架1个,28mm绳卡4个。

操作程序:

(1) 起出钻具,盖好井口。把游车、大钩绷至大门坡道,卸去大绳负荷,打开滚筒前护罩,卸开活绳头的固定端,抽出活绳,滚筒上留有3~4圈。

(2) 卸开死绳固定端,抽出死绳头,用连绳结将死绳头与新大钩连接起来,并将新钢丝绳滚筒放在能转动的支架上。

(3) 用低速慢慢转动绞车滚筒,同时连续拉活绳,直到把旧大绳全部拉出。

(4) 打开连绳结,固定死绳端和活绳端,低速缓慢转动滚筒排大绳。

(5) 慢慢提起游车大钩,装好滚筒前护罩,更换完毕。

操作安全提示:

(1) 操作人员要配合协调,站位正确。

(2) 转动绞车滚筒时一定要低速慢转。

12. 更换转盘离合器气囊操作（大庆Ⅱ-130型）

准备工作：

(1) 正确穿戴劳动保护用品。

(2) 设备、工用具、材料准备：开口扳手1套，梅花扳手1套，300mm螺丝刀1把，200mm螺丝刀1把，200mm钢丝钳1把，1.5kg手锤1把，ϕ13mm麻绳5根，ϕ500mm气囊总成2套。

操作程序：

(1) 停绞车，关总气阀门。

(2) 卸开转盘离合器护罩，用气动绞车吊下，放在安全地点。

(3) 拆下气管线和导气龙头总成。

(4) 再拆下离合器托盘螺栓和两气囊的中间隔环连接螺栓，并注意做好记号，记住平衡块的位置。

(5) 用手锤将托盘、隔环敲开，然后用气动绞车吊住托盘，用手锤慢慢敲开，吊到合适位置。

(6) 依次将两气囊、隔环吊下，放到安全位置。

(7) 从钢圈上拆下坏气囊，装上组装好的新气囊。

(8) 将装好的新气囊、隔环按次序套在摩擦毂上，按记号先把托盘对正位置。上紧固定螺栓。

(9) 对正托盘的气囊，穿螺栓紧固。对正隔环和另一气囊，穿螺栓紧固。

(10) 接导气龙头连接气管线。

(11) 通气试气囊，放气后，摩擦片与摩擦鼓的间隙应为3~5mm。挂合绞车，试运转。

(12) 试运转合格后装上护罩，清理工具。

操作安全提示：

（1）拆检转盘离合器气囊前，一定要切断气源（利用三通旋塞阀）。

（2）在转盘试运转操作手柄时，要缓慢挂合，使转盘平稳转动。

13. 测定钻井液密度操作

准备工作：

（1）正确穿戴劳动保护用品。

（2）设备、工用具、材料准备：密度计1个，支架1个，校正仪器1个，棉纱若干。

操作程序：

（1）放好仪器支架，保持水平。

（2）校正仪器，将清水注入洁净的液杯中并注满。

（3）盖好杯盖，使多余的清水从杯盖小孔中溢出，用干燥棉纱擦干仪器上的水分。

（4）把秤杆上的刀口慢慢放在支架的支点上。

（5）游动砝码左边缘与秤杆标尺刻度线相对，此时水平泡应居中，否则应打开秤杆末端的固定质量砝码丝盖，按需加减一些铅弹使其平衡。

（6）将要测定的钻井液充分搅拌后，注满干燥、洁净的液杯。

（7）盖好杯盖，慢慢旋转杯盖，使多余的钻井液从杯盖小孔中溢出。

（8）用手指压住盖孔，清洗液杯外及秤杆上的钻井液，并擦干。

（9）把秤杆刀口慢慢放在支架支点上，移动砝码，直至平衡。

（10）在游动砝码的左边缘，读取钻井液的密度值，精确到 0.01 g/cm³。

（11）倒掉钻井液，将仪器洗净、擦干备用。

操作安全提示：

（1）使用后，密度计刀口不能放在支架上，要保护好刀口。

（2）注意爱护水平泡，不能用力碰撞，以免损坏而影响使用。

14. 测定钻井液漏斗黏度的操作

准备工作：

（1）正确穿戴劳动保护用品。

（2）设备、工用具、材料准备：漏斗黏度计 1 套，过滤筛网 1 个，秒表 1 个，2000mL 液杯 1 个。

操作程序：

（1）将漏斗垂直悬挂在支架上，并放好筛网。

（2）校准：在 20℃±2℃ 下注入 1500mL 淡水，当流出体积为 946mL 时所用时间为 26s±0.5s。

（3）用左手指堵住导管口，将搅拌后的钻井液注入漏斗，直到钻井液面刚好到达筛网的底部（漏斗网底以下容量 1500mL）。

（4）右手启动秒表，同时左手松开导流管口，待流满 946mL 量杯时，用左手堵住导流管口，同时关停秒表。

（5）将漏斗剩余钻井液收回液杯，读秒表数值，以秒为单位即所测钻井液黏度。

（6）测试完毕，将各部件清洗干净并放好。

15. 启动与运转钻井泵操作

准备工作：

正确穿戴劳动保护用品。

操作程序:

(1) 检查:

①每次启动前应检查缸套压盖、阀体压盖、拉杆及拉杆卡箍等各处螺钉是否上紧。

②润滑油油量、油质是否符合要求。

③安全阀、泵压表是否灵敏,空气包内预压力是否符合要求(为施工工作压力的30%,最大不超过6MPa)。

④上水管线、高压管汇阀门开关状态正确,防止无上水或憋泵。

⑤冷却水系统是否符合要求。

⑥每口井完钻后将安全阀拆下检查保养,以防锈死。

(2) 确保钻井泵、高压管汇、安全阀、泄压管方向及传动部位附近无人,传动部位无障碍物。

(3) 倒好阀门,确保各阀门开关正确。

(4) 听到司钻发出启动钻井泵信号时,采用二次启动法。这样可使泵得到活动的机会,也可以观察泵在启动中有无障碍。如一切正常,即可挂上离合器。

(5) 注意观察泵压变化,如有异常现象,及时发出停车信号。

(6) 正常运转时(尤其是负荷运转)检查轴承温度。

(7) 启动后应做到"五观察"、"三不离"。

五观察:

①泵内有无杂声与刺声。

②十字头和各轴承润滑情况。

③泵压变化。

④活塞与缸套有无刺漏,冷却系统是否正常。

⑤钻井液罐液面有无上涨或下降,不正常时立即与司钻

联系，及时发现井涌或井漏现象。

三不离：井下不正常时不离岗位；每次摘挂泵时不离岗位；检修泵时不离岗位。

操作安全提示：

(1) 打开回水闸阀，试运转应正常。

(2) 平稳启动泵。

(3) 注意观察泵压变化，直到循环泵压正常稳定。

16. 启动振动筛操作

准备工作：

(1) 正确穿戴劳动保护用品。

(2) 设备、工用具、材料准备：250mm活动扳手1把，梅花扳手1套，150mm平口螺丝刀1把，150mm梅花螺丝刀1把，400g压杆式黄油枪1把，挂合开关安全棒1根，ZL-3钙基润滑脂1kg。

操作程序：

(1) 检查：

①振动筛电动机及护罩的固定螺钉应齐全，固定牢靠，护罩完好，振动弹簧或胶块无断裂和脱落。

②用手试皮带筛布的张力，应松紧适当，偏心轴注油润滑。

③电路连接应符合标准。

(2) 先盘动2~3圈，在确认正常的情况下，两次挂合启动，使振动筛进入工作状态。

操作安全提示：

(1) 禁止戴湿手套操作电源开关。

(2) 筛布要保持清洁，不准用铁锹刮泥砂，严禁在筛面上放重物和站人。

17. 更换钻井泵缸套操作

准备工作：

（1）正确穿戴劳动保护用品。

（2）设备、工用具、材料准备：8kg大锤1把，300mm活动扳手1把，600mm撬杠1根，900mm管钳1把，专用套筒扳手1把，φ160mm新缸套1个，缸套密封圈1个，ZG-2钙基润滑脂1kg。

操作程序：

（1）关闭泵的上水管阀门，卸掉缸盖螺纹圈，取出缸盖，放净缸内的钻井液，取出阀座总成。

（2）卸下活塞拉杆与介杆的卡箍，人力盘泵，使介杆处于动力端死点。卸下喷淋罩，拉出活塞总成。用大锤砸松并卸下压紧缸套的螺纹圈，用撬杠（或液压拔缸器）拔出旧缸套。

（3）把阀箱内外清洗干净，各螺纹圈及密封面涂上润滑脂，将新缸套套上密封圈推入缸套座，旋上螺纹圈并压紧。

（4）将新活塞总成退入缸套内，人力盘泵，使介杆接触活塞拉杆卡箍并上好卡子。装上阀座总成、缸盖，旋上螺纹圈并用撬杠上紧。

（5）装好喷淋罩，打开上水阀门。

操作安全提示：

（1）更换缸套时，要用专人看管钻井泵离合器开关，以防误开泵。

（2）更换缸套时，禁止动力盘泵。

（3）更换完毕必须清理好拉杆箱内的手工具，倒好阀门后再开泵。

18. 更换钻井泵活塞操作

准备工作:

(1) 正确穿戴劳动保护用品。

(2) 设备、工用具、材料准备:8kg大锤1把,300mm活动扳手1把,600mm撬杠1根,900mm管钳1把,ZG-2钙基润滑脂1kg,新活塞1个,活塞密封圈1个。

操作程序:

(1) 关闭泵的上水管阀门,卸掉缸盖螺纹圈,取出缸盖,放净缸内的钻井液,取出阀座总成。

(2) 卸下活塞拉杆与介杆的卡箍,人力盘泵,使介杆处于动力端死点。卸下喷淋罩,拉出活塞总成。

(3) 把缸套内清洗干净,涂上润滑脂。

(4) 将新活塞总成退入缸套内,人力盘泵,使介杆接触活塞拉杆卡箍并上好卡子。装上阀座总成、缸盖,旋上螺纹圈并用撬杠上紧。

(5) 装好喷淋罩,打开上水阀门。

操作安全提示:

(1) 更换活塞时,要用专人看管钻井泵离合器开关,以防误开泵。

(2) 更换活塞时,禁止动力盘泵。

(3) 更换完毕必须清理好拉杆箱内的手工具,倒好阀门后再开泵。

19. 更换钻井泵阀座操作

准备工作:

(1) 正确穿戴劳动保护用品。

(2) 设备、工用具、材料准备:450mm活动扳手1把,

900mm撬杠1根，400mm管钳1把，新阀座1个，棉纱若干。

操作程序：

（1）停泵，倒好组装阀门，关闭上水管阀门。

（2）阀体、阀座应成套更换。

（3）卸开压盖螺纹圈，取出密封圈、阀总成。装阀座取出器，使丝杠下端的凸形爪将阀座挂好，套上液压千斤顶和垫圈，接好手压泵及传压管线，打开泄压阀，上紧螺帽。

（4）关闭泄压阀，上下掀动手压泵手柄，压力上升即拔出旧阀座。

（5）将阀箱内外清洗干净，装上新阀座。

（6）装好阀总成旋紧螺纹圈。

（7）倒好组装阀门，打开上水管阀门，清理好工具，更换完毕。

操作安全提示：

（1）更换阀座时，泵离合器开关应挂牌警示。

（2）人体各部位不得在千斤顶上方。

（3）不得使用割炬割取阀座。

20. 远程控制台上实施关井操作

准备工作：

正确穿戴劳动保护用品。

操作程序：

（1）检查压力：

①检查远程台各压力表显示值：储能器压力为21MPa，环形防喷器压力与汇流管压力为10.5MPa，气源压力为0.65~0.8 MPa。

②检查各换向阀工况：液动放喷阀与旁通阀手柄处于关位，其他均为开位。

(2) 开液动放喷阀：

①换向阀手柄扳至开位。

②观察压力表变化。

(3) 关环形防喷器：

①换向阀手柄扳至关位。

②观察压力表变化。

(4) 关闸板防喷器：

①换向阀手柄扳至关位。

②观察压力表变化，并确认防喷器关闭情况。

(5) 开环形防喷器：

①待关闭节流阀试关井后，将换向阀手柄扳至开位。

②观察压力表变化。

操作安全提示：

(1) 密切注视钻台，及时停泵。

(2) 配合司钻，动作要迅速准确。

21. 使用振动筛操作

准备工作：

(1) 正确穿戴劳动保护用品。

(2) 设备、工用具、材料准备：400g压杆式黄油枪1支，黄油若干。

操作程序：

(1) 检查筛布是否完好，紧固牢靠；检查振动筛各部位固定情况；检查电动机连线、皮带松紧程度及护罩固定情况；盘转振动筛，检查运转有无卡滞，检查黄油嘴及保养情况。

(2) 将皮带护罩打开，双手握紧皮带，顺时针拉动，促使激振器转动，转动灵活、无阻卡后，将护罩盖上。

(3) 启动电动机并检查振动筛是否运转正常，有异常时应停机检查。

(4) 正常使用时,检查振动筛偏心轴轴承温度计除砂效果和返砂情况。

(5) 正常钻进时注意观察钻井液循环情况,及时清砂,防止泄漏钻井液。

操作安全提示:

(1) 禁止戴湿手套操作电源开关,防止触电伤害。

(2) 筛布要保持清洁,不准用铁锹刮泥沙,严禁在筛布上放重物和站人。

22. 安装封井器操作

准备工作:

(1) 正确穿戴劳动保护用品。

(2) 设备、工用具、材料准备:防喷器1台,起吊设备1套,套筒扳手1把,管钳1支,8kg大锤1把,φ300mm活动扳手1把,φ16mm钢丝绳1条,切绳器1台,φ16mm钢丝绳卡若干,钢丝刷1支,钢丝绳套若干,黄油若干,正反扣拉筋若干。

操作程序:

(1) 双外螺纹短节:事先将套管接箍、底法兰及双外螺纹短节的螺纹擦洗干净后涂机油,用手上紧,余3~4扣为合格(不合格者不能使用)。卸开、重涂密封脂,正式安装。余扣不得超过1扣。防喷器底法兰套管短节上下连接不得偏扣、不得电焊,密封满足试压要求。

(2) 检查封隔器外观完好,胶皮无伤痕,圈槽无刺伤。

(3) 摆钢圈及上紧法兰:将钢圈槽清洗干净,做到槽中无锈、无碰损。将钢圈擦洗干净后在槽中试放,无误后将钢圈及圈槽各自涂抹好密封脂。

（4）平稳起吊井口防喷器，小心摆放、压紧。防喷器主体安装平整，天车、转盘、井口中心的最大偏差不能超过10mm。

（5）上螺栓时对角、四方逐步上紧，不得单个一次上紧，也不许顺序上紧。上扣扭矩达到要求，螺栓上下余扣一致，由下往上逐级安装。组用16mm钢丝绳正反花篮螺栓四角绷紧固定，钢丝绳不能妨碍其他操作。

（6）安装防溢管。防溢管与顶盖的密封用密封垫环或专用橡胶圈；防喷器上部安装挡泥伞；安装手动紧锁装置，操作手轮原则上接到井架底座外，靠手轮端应支撑牢固，其中心与锁紧轴之间的夹角不大于30°。

（7）固定。

（8）安装后按规定要求试压。

操作安全提示：

具有手动锁紧机构的闸板防喷器应装齐手动操作杆，挂牌标明开关方向、到底的圈数及闸板类型。

23. 检查钻杆操作

准备工作：

（1）正确穿戴劳动保护用品。

（2）设备、工用具、材料准备：ϕ127mm 钻杆 10 根，0号柴油 1kg，1m 撬杠 1 根，钢丝刷 1 把，编号笔 1 支，棉纱若干。

操作程序：

（1）检查前要以内螺纹端排列整齐，要求管体无明显弯曲和伤痕。检查螺纹时，应用钢丝刷和棉纱擦洗干净。

（2）钻具螺纹严重锈蚀，螺纹偏磨超出钻具使用标准。密封面不平（如刺痕、粘痕、碰伤等），螺纹磨圆、变形或有刺伤等情况时严禁下井。

（3）钻具水眼内应畅通无异物。

（4）若检查出不符合使用标准的钻具，应做明显标记并向技术员汇报。滚动钻杆，平视钻杆是否弯曲，同时观察本体是否有明显的伤痕和锈蚀。

（5）清洗螺纹，转动钻杆，观察外螺纹、内螺纹是否磨尖，台肩密封面是否完好，接头是否偏磨、磨薄。

（6）观察钻杆水眼是否畅通、清洁，水眼内应无异物。

（7）对有问题的钻杆应做好标记并记录。

操作安全提示：

（1）检查钻具时，禁止在钻具上面走，以防滑倒摔伤。

（2）钻具支架两侧要有档杆，以防钻具下滑伤人。

24. 检查套管操作

准备工作：

（1）正确穿戴劳动保护用品。

（2）设备、工用具、材料准备：1m撬杠1把，钢丝刷1把，柴油若干，标准内径规1个，标准螺纹规1把，棉纱若干。

操作程序：

（1）检查送到井场的套管钢级、壁厚是否符合要求。

（2）通内径时，要用直径小于套管内径3mm、长300～500mm的内径规逐根通过，通不过的为不合格套管。

（3）检查套管外观伤痕、裂缝、缺陷时，必须清理套管表面油污和杂物。

（4）内外径螺纹椭圆度不得超过0.5mm。

（5）用钢丝刷、棉纱清洗螺纹并检查螺纹是否损坏。

（6）清洗套管表面污物，检查钢级及外部缺陷。

(7) 滚动套管，检查弯曲度和伤痕。

(8) 用测厚仪测量套管壁厚。

(9) 检查套管编号顺序。

(10) 用内径规通内径。

(11) 对不合格的套管打上明显标记，并与下井套管分开。

操作安全提示：

(1) 严禁在套管上面走动，防止滑倒伤人。

(2) 套管支架两侧要有档杆，以防钻具下滑伤人。

25. 丈量钻具、套管操作

准备工作：

(1) 正确穿戴劳动保护用品。

(2) 设备、工用具、材料准备：20m钢卷尺1把，钢笔1支，钻具（或套管）记录本1本，毛笔1支，白铅油适量。

操作程序：

(1) 必须使用钢卷尺，并将钢卷尺紧贴钻杆或套管上。

(2) 丈量钻具或套管上面不得有杂物。

(3) 长度应精确到0.01m（四舍五入）。

(4) 丈量次数不少于两次，如长度不一致，须量第三次以保证准确。

(5) 丈量时要注意接头端面的倒角长度。

(6) 编写下井钻具序号要与钻具记录本上的序号相符。

(7) 一人将钢卷尺的零端线与钻杆（或套管）内螺纹接头台阶面对齐，另一人拉紧尺对准钻杆外螺纹台阶端面（或套管外螺纹根部）并读出长度。

(8) 仔细查对钢印号。

(9) 用白铅油在钻杆（或套管）上编写序号。

(10) 填写钻杆（或套管）记录本。

操作安全提示：

严禁在钻具、套管上面走动，防止滑倒伤人。

26. 填写钻井工程班报表操作

准备工作：

(1) 正确穿戴劳动保护用品。

(2) 设备、工用具、材料准备：钻井工程班报表1本，钻具记录1本，钻井液记录1本，计算器1个，笔1支，班前班后记录1本。

操作程序：

(1) 填写：

①按时间顺序填写工作内容栏。

②填写钻井参数栏。

③填写钻井液参数栏。

④填写钻具组合栏。

⑤填写所钻地层、所钻井段井深、班进尺、总井深栏。

⑥数据齐全准确，工作内容真实。字体工整，表面整洁。填写的单位要用法定计量单位。

⑦分析钻井实效，分别填写实效分析栏。

(2) 计算：

①钻具总长 = 钻头长 + 接头长 + 螺杆长 + 无磁钻铤长 + 钻铤长 + 钻杆长。

②交班井深 = 钻具总长 + 方入。

③本班实际井深 = 交班井深 - 接班井深。

④钻头累计进尺 = 接班累计进尺 + 本班实际进尺。

⑤钻头累计纯钻时间 = 接班累计纯钻进时间 + 本班实际纯钻进时间。

⑥测斜井深:依据井下实际情况确定。
⑦将计算数据分别填入相应栏目。
⑧填写钻头栏。
⑨审查签字。

27. 接单根的操作

准备工作:

(1) 正确穿戴劳动保护用品。

(2) 设备、工用具、材料准备:Q10Y-M液压大钳1台,CD131×134/2000吊卡2只,B形吊钳2只,小补心1副,钻杆钩2把,螺纹脂刷1把,钢丝刷1把,螺纹脂1桶。

操作程序:

(1) 操作者禁止挡住司钻视线,正确操作,钻台面要清洁、整齐,设备和工具摆放位置要正确,逃生路线畅通。

(2) 当司钻将方钻杆下钻具接箍提出距转盘面0.5m时,外钳工放入小补心,同时内钳工、外钳工配合,扣吊卡一次成功。

(3) 司钻将钻具坐上吊卡后,外钳工观察立管压力是否为零,确保完全卸压。

(4) 内钳工、外钳工配合,用吊钳或液压大钳卸扣。

(5) 司钻提起方钻杆,外钳工将方钻杆下部接头和鼠洞钻杆接头螺纹涂螺纹脂,内钳工、外钳工配合将方钻杆拉向鼠洞的单根,用方钻杆旋扣器或内钳工用液压大钳上扣。

(6) 用内钳、外钳或液压大钳上扣,应达到规定的扭矩,退出大钳。

(7) 司钻提起钻具,内钳工、外钳工配合,取出小补心,摘吊卡离开钻盘面。副司钻开泵后,内钳工应观察泵压及井内液体是否返出。

操作安全提示:

(1) 拉方钻杆时,站立要稳,用力一致,防止滑倒。

(2) 操作者规范操作,人员要远离钳尾处,防止吊钳或液压大钳摆动伤人。

(3) 液压大钳停用时,应将夹紧气缸、高低速气阀回复零位定位锁死,将移送气缸用安全绳锁死,防止外力撞击、大钳转动或移送气缸弹出伤人。

28. 起下钻外钳工井口操作

准备工作:

(1) 正确穿戴劳动保护用品。

(2) 设备、工用具、材料准备:Q10Y-M液压大钳1台,CD131×134/2000吊卡2只,B形吊钳2只,小补心1副,钻杆钩1把,螺纹脂刷1把,钢丝刷1把,螺纹脂1桶,吊卡保险销若干,ϕ31mm棕绳13m,刮泥器1副,编号笔1支。

操作程序:

(1) 起钻操作程序:

①用刮泥器刮钻杆上的钻井液,检查钻具,注意指重表悬重变化及钻具起升位置,及时提醒司钻。

②立柱接头出转盘面后,与内钳工配合扣吊卡一次成功。

③配合内钳工扶液压大钳平稳运行到井口,观察钳框扣合后卸螺纹。

④用钻杆钩拉立柱至钻杆盒并排放整齐,及时对钻柱进行编号。

⑤待空吊卡下放至距井口1m左右时,与内钳工配合一手拉吊环,一手拿保险销,使吊卡坐于转盘面上,同时取出保险销,拉出吊环,一次挂入井口负荷吊卡,插好保险销。

(2) 下钻的操作程序:

①下放钻具时,眼看指重表,注意司钻操作,井口操作不能遮挡司钻视线。

②吊卡距转盘1.5m左右时,一手扶吊环,一手拿保险销,待吊卡坐在转盘上,取出保险销拉出吊环,与内钳工配合一次挂入空吊卡,并插好保险销。

③护送吊卡过内螺纹接头,检查钻具内螺纹并涂好螺纹脂。

④随立柱上提,用钻杆钩送立柱至井口,与内钳工配合对螺纹一次成功,注意立柱顺序不能错。

⑤配合内钳工操作液压大钳上螺纹。

⑥司钻上提钻具刹车后,外钳工左手拉吊卡,右手打开活门,配合内钳工将吊卡拉离井口。

操作安全提示:

(1) 岗位配合要准确、到位,若吊环未一次摘挂成功,应及时提示司钻,避免单吊环伤人。

(2) 下钻对扣时要熟练准确,防止碰、砸钻具端面。

(3) 防止钻杆摆动挤伤和高空落物伤人。

(4) 注意防止落物掉入井内。

29. 起下钻内钳工井口操作

准备工作:

(1) 正确穿戴劳动保护用品。

(2) 设备、工用具、材料准备:Q10Y-M液压大钳1台,CD131×134/2000吊卡2只,B形吊钳2只,小补心1副,钻杆钩1把,螺纹脂刷1把,钢丝刷1把,螺纹脂1桶,吊卡保险销若干,ϕ31mm棕绳13m,刮泥器1副,编号笔1支。

操作程序:

(1) 起钻操作程序:

①用刮泥器刮钻杆上的钻井液,检查钻具,注意钻具起升位置,及时提醒司钻,井口操作不能遮挡司钻视线。

②立柱接头出转盘后,扣吊卡。

③坐好钻具后,操纵液压大钳移送气缸气阀,平稳送大钳到井口。

④操纵夹紧气缸气阀,使下钳咬紧接头,用低速开始卸螺纹,卸松后再用高速卸螺纹。卸螺纹完毕,操作手动换向阀,用低速使上钳反向转动对缺口,操纵夹紧气缸气阀使下钳复位,操作移送气缸气阀使大钳复位。

⑤与外钳工一起将立柱推入钻杆盒,并排放整齐。

⑥下放游车,观察灌钻井液情况。待空吊卡下放至距井口 1m 左右时,与外钳工拉吊卡坐在转盘面上,同时取出保险销,拉出吊环,一次挂入井口负荷吊卡,插好保险销。

(2) 下钻时的操作程序:

①下放钻具,观察返钻井液情况。

②吊卡距转盘 1.5m 左右时,一手扶吊环,一手拿保险销,待吊卡坐在转盘面上时,取出保险销,拉出吊环,一次挂入空吊卡,并插好保险销。

③护送吊卡过螺纹内接头,检查钻具内螺纹,涂好螺纹脂。

④扶立柱并检查钻具螺纹,与外钳工配合对螺纹一次成功。

⑤操纵液压大钳移送气缸双向气阀,平稳送大钳到井口。

⑥操纵夹紧气缸气阀,使下钳咬紧接头,用高速开始上螺纹。高速上紧后,再用低速上螺纹到规定扭矩。上螺纹完毕,操作手动换向阀,用低速使上钳反向转动对缺口,操纵夹紧气缸气阀使下钳复位,操作移送气缸气阀使大钳复位。

⑦司钻上提钻具刹车后,配合外钳工拉出吊卡位置合适。

操作安全提示:

(1) 岗位配合要准确、到位,若吊环未一次摘挂成功,应及时提示司钻,避免单吊环伤人。

(2) 下钻对扣时要熟练准确,防止碰、砸钻具端面。

(3) 防止钻杆摆动挤伤和高空落物伤人。

(4) 推钻杆立柱进钻杆盒,双脚站稳,头不能伸进立柱间,脚不能站在立柱下放的位置上。

(5) 注意防止落物掉入井内。

30. 内钳工起下钻铤作业

准备工作:

(1) 正确穿戴劳动保护用品。

(2) 设备、工用具、材料准备:CD131×134/2000 吊卡 2 只,B 形吊钳 2 只,钻杆钩 1 把,链钳 1 把,钻铤卡瓦 1 只,安全卡瓦 1 只,8kg 大锤 1 把,扳手 1 把,螺纹脂刷 1 把,钢丝刷 1 把,钻铤螺纹脂 1 桶,刮泥器 1 副,编号笔 1 支,吊卡保险销 1 副,保险绳 1 副,提升短节 1 只。

操作程序:

(1) 起钻铤作业操作程序:

①与外钳工配合吊提升短节至井口,待游车至井口后,扣上提升短节,扶正上扣。用大钳将提升短节螺纹上紧。

②取下安全卡瓦放在转盘面以外,上提时配合外钳工取出钻铤卡瓦。

③在钻铤立柱上端距转盘面 0.5m 处卡好卡瓦,距卡瓦约 50mm 处卡好安全卡瓦,打上内钳,配合松扣,推开大钳回原位,用链钳卸扣,卸开后提起钻铤。

④推钻铤立柱放入钻杆盒。

⑤起完后,整理准备下钻工具,打扫钻台卫生。

(2) 下钻铤作业操作程序:

①当钻铤下至距转盘面0.5m时,协助外钳工手推卡瓦夹在钻铤上,随钻铤放入转盘内。

②与外钳工配合在距卡瓦约50mm的地方卡上安全卡瓦,插入销子,上紧卡瓦螺栓。

③打上内钳,卸掉提升短节。提升短节提起后,推离井口,放至转盘面(有高悬猫头井架,绕上上扣旋绳5圈并排列整齐)。

④钻铤立柱至井口,双手扶正立柱钻铤对扣。

⑤扶旋绳到位,配合副钻上扣(无高悬猫头井架应用链钳上扣),打上内钳推紧,配合外钳紧扣。

⑥卸掉安全卡瓦,上提钻铤时,配合外钳提出卡瓦。

⑦当钻铤下至距转盘面0.5m时,重复第一立柱钻铤的操作。

操作安全提示:

(1) 提起钻铤前安全卡瓦必须卸掉,禁止安全卡瓦随钻铤一起上提,防止安全卡瓦滑落伤人。

(2) 起钻铤时三片卡瓦或多片卡瓦必须提出井口,防止卡瓦牙磨损或落井。

(3) 卡瓦和安全卡瓦卡的位置应正确,各连接处应平整,禁止用重物猛击卡瓦和安全卡瓦。

(4) 不得遮挡司钻视线,井口操作人员应避让钻铤移动,以防伤人。

(5) 推钻铤立柱进钻杆盒,双脚站稳,头不能伸进立柱间,脚不能站在立柱下放的位置上。

(6) 操作大钳姿势正确,防止大钳伤人。

(7) 井口操作人员应站在卡瓦旋转范围外，以防转动时打伤腿脚，严禁用卡瓦崩螺纹。

(8) 卡瓦和安全卡瓦使用前应进行检查，防止压板、牙板、销子脱落或落井。

(9) 井口工具要有安全绳，防止井下落物。

31. 外钳工起下钻铤作业

准备工作：

(1) 正确穿戴劳动保护用品。

(2) 设备、工用具、材料准备：CD131×134/2000 吊卡 2 只，B 形吊钳 2 只，钻杆钩 1 把，链钳 1 把，钻铤卡瓦 1 只，安全卡瓦 1 只，8kg 大锤 1 把，扳手 1 把，螺纹脂刷 1 把，钢丝刷 1 把，钻铤螺纹脂 1 桶，刮泥器 1 副，编号笔 1 支，吊卡保险销 1 副，保险绳 1 副，提升短节 1 只。

操作程序：

(1) 起钻铤作业操作程序：

①与内钳工配合吊提升短节至井口，扣上吊卡，扶正对扣、上扣，操作外钳紧扣。

②配合内钳工卸安全卡瓦，钻具上提时取出钻铤卡瓦。

③在钻铤立柱上端距转盘面 0.5m 处卡好卡瓦，距卡瓦约 50mm 处卡好安全卡瓦，操作外钳松扣后推开大钳回原位，用链钳卸扣，卸开后提起钻铤。

④绳套套住钻铤立柱，配合拉钻铤进立柱盒。

⑤起完钻铤打扫卫生，准备下钻工具。

(2) 下钻铤作业操作程序：

①当钻铤下至距转盘面 0.5m 时，双手分握卡瓦手柄，与内钳工配合将卡瓦夹在钻铤上，随钻铤放入转盘内。

②双手握住安全卡瓦手柄端平，与内钳工配合在距卡瓦

约50mm的地方围于钻铤本体。插好锁销后,用大锤轻击各连接处,让牙板咬平。

③提升短节放至转盘后,拉开吊卡,将提升短节放在钻台上,在钻铤螺纹上涂上螺纹脂。

④送放钻铤立柱至井口,双手扶正钻铤立柱对扣。

⑤协助扶旋绳圈到位(无高悬猫头井架应用链钳上扣),操作外钳配合紧扣。

⑥配合内钳卸掉安全卡瓦,上提钻具时,双手抓卡瓦手柄提卡瓦出转盘。

⑦当钻铤下至距转盘面0.5m时,与内钳工配合卡上卡瓦和安全卡瓦,重复第一立柱钻铤的操作。

操作安全提示:

(1) 提起钻铤前安全卡瓦必须卸掉,禁止安全卡瓦随钻铤一起上提,防止安全卡瓦滑落伤人。

(2) 起钻铤时三片卡瓦或多片卡瓦必须提出井口,防止卡瓦牙磨损或落井。

(3) 卡瓦和安全卡瓦卡的位置应正确,各连接处应平整,禁止用重物猛击卡瓦和安全卡瓦。

(4) 不得遮挡司钻视线,井口操作人员应避免让钻铤移动,以防伤人。

(5) 推钻铤立柱进钻杆盒,双脚站稳,头不能伸进立柱间,脚不能站在立柱下放的位置上。

(6) 操作大钳姿势正确,防止大钳伤人。

(7) 井口操作人员应站在卡瓦旋转范围外,以防转动时打伤腿脚,严禁用卡瓦崩螺纹。

(8) 卡瓦和安全卡瓦使用前应进行检查,防止压板、牙板、销子脱落而落井。

(9) 井口工具要有安全绳,防止井下落物。

(10) 采用专用密封脂,禁止用套管密封脂代替钻杆密封脂,以防粘扣。

32. 装卸钻头的操作

准备工作:

(1) 正确穿戴劳动保护用品。

(2) 设备、工用具、材料准备:钻头1只,钻头装卸器1个,链钳1把,钢丝刷1把,螺纹脂1桶,螺纹脂刷1把。

操作程序:

(1) 上卸扣时,人员站位必须要正确,应远离钳柄活动范围。

(2) 装钻头的操作:

①下钻前的检查:钻头尺寸、螺纹、焊缝、巴掌、牙轮、轴承、水眼。

②将钻头装卸器放入转盘方瓦内,钻头放入钻头装卸器内,涂抹好螺纹脂。

③将配合接头上在钻头上。

④上提钻铤对扣,用链钳上扣。

⑤锁紧转盘制动销,打外钳用液压猫头紧扣,压力为5MPa。

⑥上提钻具,检查钻头与接头螺纹、水眼是否畅通,巴掌是否变形。

(3) 卸钻头的操作:

①将钻头装卸器放入转盘方瓦内。

②锁紧转盘制动锁销,扶正钻铤将钻头平稳放入钻头装卸器内,打内钳用液压猫头卸松扣。

③用链钳卸扣,卸开后提起钻铤。

④外钳工把钻头戴上提环,将钻头从装卸器内取出。

⑤检查分析钻头使用情况。

操作安全提示:

(1) 卸钻头时,确定钻铤与钻头完全卸开后,缓慢上提钻铤,以防井下落物。

(2) 链钳要扣好,防止链钳脱扣伤人。

33. 内钳工下套管操作

准备工作:

(1) 正确穿戴劳动保护用品。

(2) 设备、工用具、材料准备:灌钻井液管线1根,套管吊卡2只,B形吊钳2只,密封脂刷1把,钢丝刷1把,套管螺纹密封脂1桶,内径规1只,套管扶正器适量,浮鞋1只,浮箍1只,短套管1根,坐封头1个,连顶节1根,配合接头1只,兜绳1根,吊卡保险销1副,保险绳1副。

操作程序:

(1) 配合外钳工用钻头盒盖好井口。

(2) 游车下放至距转盘1.5m处,抓住吊卡保险绳,配合外钳工挂牢坡道套管。关闭活门,上下锁销复位锁紧,然后试拉活门确认扣牢。

(3) 配合外钳工扶正套管,配合副司钻抬起浮鞋对扣。人力旋不动(不错扣)时用大钳紧好扣。

(4) 配合外钳工从井口移走钻头盒,扶正套管下入井中。

(5) 目视检查套管下放,待吊卡下放至距井口1.5m左右时一手扶吊环,一手拿保险销,吊卡坐转盘后立即取出保险销拉出吊环,配合外钳工一次挂入井口吊卡上,插好保险销,同时司钻起升游车,待吊卡与坡道上套管位置合适时配合外钳工扣合吊卡,确认扣牢,接第2柱套管。

(6)配合外钳工扶正套管,按设计好的管串和副司钻一起抬起浮箍在要求套管上对扣。人力旋不动(不错扣)时用大钳紧好扣。

(7)配合外钳工套上旋绳并上提系紧,并观察旋绳引扣情况。

(8)打开大钳气路阀门,通气。操作移送缸双向气阀使液压大钳平稳送至井口,避免撞击套管。若高度不合适,可操作5t手拉葫芦调节到合适位置。

(9)根据上扣需要,将高低挡的双向气阀转到相应位置,先高速后低速进行紧扣。

(10)观察大钳扭矩表。紧扣扭矩达到设计要求,不留余扣。

(11)上扣结束后,操作手动换向阀使钳头向工作状态的反向转动。在复位时根据各缺口相距远近可操作换向挡气阀,用变换高低挡的办法实现。回退时操作移送气缸双向气阀缓慢平稳后退。

(12)套管提离吊卡1m处待司钻上提套管刹稳后,按工程师(技术员)配合外钳工的要求加放扶正器。

(13)配合外钳工摘开吊卡拉在转盘一侧,目送套管下放,过接箍后立即配合外钳工扣合吊卡准备紧第二道扣,目送套管下放并观察钻井液返出情况。

(14)待吊卡下放至距井口1.5m左右时,一手扶吊环,一手拿保险销,吊卡坐转盘后立即取出保险销拉出吊环,配合外钳工一次挂入井口吊卡上,插好保险销,同时司钻起升游车,待吊卡与坡道上套管位置合适时配合外钳工扣合吊卡,准备接下一柱套管。

(15)套管串下完后,与外钳工配合接上坐封头、连顶节、循环接头及方钻杆,灌满工作液后进行循环,准备固井。

操作安全提示:

(1) 操作动力钳时,要集中精力,防止误操作造成人员伤害。

(2) 站位准确,防止套管脱落伤人。

(3) 旋绳上扣时,应集中精力,防止旋绳挤伤手指。

(4) 钳头尺寸应与套管尺寸相符,钳牙挡销齐全,防止井下落物。

(5) 与其他人员配合默契,防止误操作。

34. 外钳工下套管操作

准备工作:

(1) 正确穿戴劳动保护用品。

(2) 设备、工用具、材料准备:灌钻井液管线1根,套管吊卡2只,B形吊钳2只,密封脂刷1把,钢丝刷1把,套管螺纹密封脂1桶,内径规1只,套管扶正器适量,浮鞋1只,浮箍1只,短套管1根,坐封头1个,连顶节1根,配合接头1只,兜绳1根,吊卡保险销1副,保险绳1副。

操作程序:

(1) 配合内钳工用钻头盒盖好井口,套管在大门坡道落稳后负责摘取套管帽,配合井架工取出吊套管绳索,下放到场地。

(2) 游车下放至距转盘1.5m处,抓住吊卡保险绳,配合内钳工挂牢坡道套管。关闭活门,上下锁销复位锁紧,然后试拉活门确认扣牢,负责指挥司钻起吊,并帮助观察游动系统。

(3) 套管上钻台后负责拉起兜绳,待套管停稳后,负责卸套管护丝,观察内径规是否在套管内。

(4)负责套管护丝及通径规的定点投放(大门坡道右侧2m处),并观察钻台下人员位置情况。

(5)左手指挥司钻缓慢起升游车,右手轻轻扶住兜绳使其保持水平。待套管过兜绳0.30m后,双手把稳套管,缓慢移送至井口。

(6)套管移送至井口时,配合内钳工扶正套管,副司钻扶正套管后,和内钳工一起抬起浮鞋对扣。人力旋不动(不错扣)时用大钳紧好扣。

(7)配合副司钻从井口移走钻头盒,扶正套管下入井中。

(8)待吊卡下放至距井口1.5m左右时,一手扶吊环,一手拿保险销,吊卡坐转盘后立即取出保险销拉出吊环,配合内钳工一次挂入井口吊卡上,插好保险销,同时指挥司钻起升游车,接第二柱套管。待吊卡与坡道上套管位置合适时,配合内钳工扣合吊卡,关闭活门,上下锁销复位锁紧,然后试拉活门确认扣牢,负责指挥司钻起吊,并帮助观察游动系统。

(9)套管上钻台后负责拉起兜绳,待套管停稳后,负责卸套管护丝,观察通径规是否在套管内。

(10)负责套管护丝及通径规的定点投放(大门坡道右侧2m处),并观察钻台下人员位置情况。

(11)左手指挥司钻缓慢起升游车,右手轻轻扶住兜绳使其保持水平,待套管过兜绳0.30m后,双手把稳套管,缓慢移动至井口。

(12)第二柱套管移送至井口时,配合内钳工扶正套管,副司钻扶正套管后,按设计好的管串和内钳工一起抬起浮箍对扣。人力旋不动(不错扣)时用大钳紧好扣。

(13)司钻起吊后,配合内钳工摘开吊卡放在转盘一侧。

(14)套管下放时目视套管本体,同时观察指重表,注意司钻操作。

(15)待吊卡下放至距井口1.5m左右时,一手扶吊环,一手拿保险销,吊卡坐转盘后立即取出保险销拉出吊环,配合内钳工一次挂入井口吊卡上,插好保险销,同时指挥司钻起吊。

(16)游车上提至距转盘1.5m处,抓住吊卡保险绳,配合内钳工挂牢坡道套管。关闭活门,上下锁销复位锁紧,然后试拉活门确认扣牢,负责指挥司钻起吊。

(17)负责向井口内螺纹接箍盘好旋绳。

(18)对扣成功后配合内钳工上提旋绳并系紧,后退0.5m,左手在前,右手在后,把稳旋绳,配合副司钻引扣。

(19)理顺绳索,不能有反劲,绳索摆放处无障碍物。

(20)配合内钳工扣合液压大钳,观察紧扣情况,做到无余扣。

(21)司钻起吊后,配合内钳工摘开吊卡放在转盘一侧。

(22)指挥司钻上提套管,套管提离吊卡1m处。待司钻上提套管刹稳后,按工程师(技术员)的要求加放扶正器。

(23)套管下放时目视检查套管本体,同时观察指重表,注意司钻操作。

(24)待吊卡下放至距井口1.5m左右时,一手扶吊环,一手拿保险销,吊卡坐转盘后立即取出保险销拉出吊环,配合内钳工一次挂入井口吊卡上,插好保险销。

(25)指挥司钻起升游车,待吊卡与坡道上套管位置合适时,配合内钳工扣合吊卡,关闭活门,上下锁销复位锁紧,然后试拉活门确认扣牢,负责指挥司钻起吊,并帮助观察游动系统。准备接下一柱套管(重复以上工序)。

（26）套管串下完后，与内钳工配合接上坐封头、连顶节、循环接头及方钻杆，灌满工作液后进行循环，准备固井。

操作安全提示：

（1）严禁钻台坡道外起吊套管，防止套管摆动伤人。

（2）扣合吊卡时，手要抓在吊卡把手上，防止吊卡挤伤手指。

（3）卸护丝时，脚要离开套管下方，护丝不能向钻台下乱扔，以防伤害他人。

（4）护丝置于安全位置，防止井下落物。

（5）站位准确，防止套管脱落伤人。

（6）卸兜绳时，把稳套管，防止过大摆动伤人。

（7）不能遮挡司钻视线，旋绳长度合适，旋向正确。缠绕旋绳要整齐，旋绳后半段严禁打扭、踩踏或缠绕在人体部位。

（8）与内钳工配合井口对扣一次成功。配合要默契。防止误操作。

35. 内钳工甩钻具操作

准备工作：

（1）正确穿戴劳动保护用品。

（2）设备、工用具、材料准备：CD131×134/2000 吊卡 2 只，B 形吊钳 2 只，Q10Y-M 液压大钳 1 台，与钻具相匹配的钳头 4 只，钻杆钩 1 把，卡瓦 1 只，安全卡瓦 1 只，8kg 大锤 1 把，扳手 1 把，提升短节若干，吊卡保险销 1 副，保险绳 1 副。

操作程序：

（1）甩钻杆作业：

①内钳工、外钳工扶钻杆立柱入鼠洞。下部钻杆坐吊卡，

内钳工按标准有序操作液压大钳卸扣，控制好液压大钳的摆动。

②内钳工挂气动绞车钩子，吊钻杆单根出鼠洞后，配合外钳工挂绷绳。

（2）甩7in（178mm）或7in以下钻铤作业：

①与外钳工配合扶钻铤立柱入鼠洞，卡安全卡瓦，操作液压大钳卸扣。

②挂气动绞车钩子，配合外钳工卸安全卡瓦及钻铤单根出鼠洞后，配合外钳工挂绷绳。

（3）甩8in（203.2mm）或8in以上钻铤作业（根据情况，一般在下技术套管后或下套管之前进行）：

①与外钳工配合扶钻铤立柱入鼠洞，卡安全卡瓦，操作液压大钳卸扣。

②内钳工、外钳工配合将钻铤双根放入井口，摘吊环，将40m长左右3/4in（19.05mm）的钢丝绳插扣绳套，两端挂在大钩上，绳套中间带有5t以上吊钩，挂入大钩，司钻上提至吊钩到井口处。

③与外钳工配合将鼠洞单根钻铤上提升装置，并用双链钳紧扣。与鼠洞单根钻铤提升装置拴紧的双股1/2in（12.7mm）钢丝绳套连接。司钻缓慢提升鼠洞钻铤单根，大钩与绷绳配合，平稳下放钻铤到滑道或支架上。

④司钻下放大钩，内钳工、外钳工摘掉3/4in（19.05mm）绳套，挂井口吊卡，上提大钩，待双根钻铤提出井口后，内钳工、外钳工扶钻铤入鼠洞，重复上述动作。

操作安全提示：

（1）如用B形吊钳松扣，包括悬绳卸扣，操作要平稳，避免大钳伤人。

（2）井口操作人员相互配合好，防止钻具摆动伤人。

（3）钻具入鼠洞时，脚部尽量远离鼠洞周围，防止压伤脚部。

36. 外钳工甩钻具操作

准备工作：

（1）正确穿戴劳动保护用品。

（2）设备、工用具、材料准备：CD131×134/2000 吊卡2只，B形吊钳2只，Q10Y－M液压大钳1台，钻杆钩1把，卡瓦1只，安全卡瓦1只，8kg大锤1把，扳手1把，提升短节若干，吊卡保险销1副，保险绳1副。

操作程序：

（1）甩钻杆作业：

①首先内钳工、外钳工扶钻杆立柱入鼠洞。下部钻杆坐吊卡，内钳工操作液压大钳卸扣，外钳工将鼠洞钻杆单根上提环。配合副司钻用气动绞车提起鼠洞钻杆单根。外钳工开鼠洞吊卡，单根提出鼠洞后外钳工戴好护丝，用3/8in（9.525mm）双股绳套勒住钻杆下部，挂绷绳。副司钻与钻井液工操作双气动绞车平稳下放钻杆到支架或滑道上，单根的外螺纹拴挂绳套，挂绳套不能少于2人，在鼠洞上把扣卸开后，用提环将单根提出，禁止用绳套连接带出下一根钻杆。

②在内外钳工扶钻杆双根入鼠洞后，重复上述动作。

（2）甩7in（178mm）或7in以下钻铤作业：

①内钳工、外钳工扶钻铤立柱入鼠洞。下部钻铤卡安全卡瓦，内钳工操作液压大钳卸扣，外钳工将鼠洞单根钻铤上提环，副司钻用气动绞车提起鼠洞钻铤单根10cm，外钳工卸安全卡瓦。副司钻上提钻铤单根出鼠洞，外钳工戴好护丝，用1/2in（12.7mm）双股钢丝绳套挂绷绳。

②内钳工、外钳工扶钻铤双根入鼠洞,重复上述动作。

(3) 甩8in (203.2mm) 或8in以上钻铤操作规程:

①与外钳工配合扶钻铤立柱入鼠洞,卡安全卡瓦。

②内钳工卸扣后,内钳工、外钳工配合将40m长左右3/4in (19.05mm) 的钢丝绳插扣绳套,两端挂在大钩上,绳套中间带有5t以上吊钩,待司钻上提至吊钩到井口处,内钳工按标准有序操作液压大钳卸扣,控制好液压大钳的摆动。

③内钳工配合将鼠洞单根钻铤上提升装置,并用双链钳紧扣。挂吊钩,与鼠洞单根钻铤提升装置拴紧的双股1/2in (12.7mm) 钢丝绳套连接。司钻缓慢提起大钩,拉紧3/4in (19.05mm) 绳套提起鼠洞单根钻铤10cm,外钳工卸安全卡瓦。司钻缓慢提升鼠洞钻铤单根,当钻铤出鼠洞前,外钳工用另一根1/2in (12.7mm) 钢丝绳套双股拴住钻铤下部,并内钳工配合挂好绷绳。钻铤出鼠洞后,戴护丝。大钩与绷绳配合,平稳下放钻铤到滑道或支架上。

④司钻下放大钩,内钳工、外钳工摘掉3/4in (19.05mm) 绳套,挂井口吊卡,上提大钩待双根钻铤提出井口后,内钳工、外钳工扶钻铤入鼠洞,下部钻铤单根卡安全卡瓦,内钳工操作液压大钳卸扣,司钻上提单根钻铤入井口,坐吊卡于转盘上,摘大钩。

⑤鼠洞单根钻铤上提升装置,重复上述动作。

操作安全提示:

(1) 如用B形吊钳松扣,包括悬绳卸扣,操作要平稳,避免大钳伤人。

(2) 井口操作人员相互配合好,防止钻具摆动伤人。

(3) 钻具入鼠洞时,脚部尽量远离鼠洞周围,防止压伤脚部。

37. 使用吊卡操作

准备工作：

（1）正确穿戴劳动保护用品。

（2）设备、工用具、材料准备：300mm 活动扳手 1 把，钢丝刷 1 把，钻具、套管适量，螺纹脂刷 1 把，吊卡 2 只，直尺 1 把，润滑脂 1kg，HJ-30 机油 1kg，螺纹脂 5kg。

操作程序：

（1）检查吊卡：

①吊卡主体、活门无裂痕、变形。活门销间隙合乎要求，使用时要保持吊卡清洁。选用吊卡规格，扣合尺寸要与钻具（或套管）尺寸一致。吊卡开关灵活，上下锁销齐全，安全可靠。

②吊卡扣合灵活、不晃动，开口销、上下锁销、手柄应齐全。

③负荷台阶要平整，无严重磨损，台阶面磨损深度不大于 8mm。

④保险销、活门处注润滑脂。轴销处滴注润滑油。

（2）吊卡扣合钻具操作：

①扣合钻具（或套管）时，先打开吊卡活门，内钳工、外钳工配合拉吊卡使主体靠近钻具（或套管）。

②关闭活门，上下锁销复位锁紧，然后试拉活门是否扣好。

③摘开吊卡时，用手下压锁销手柄解锁，同时向外拉活门，摘离钻具（或套管）。

操作安全提示：

（1）起下钻具或下套管时，必须使用合格的保险插销。

（2）禁止将绳套扣在吊卡内拉重物，禁止超负荷使用。

(3) 钻具坐转盘要平稳，严禁崩扣，严禁猛顿、猛砸。

38. 使用卡瓦操作

准备工作：

(1) 正确穿戴劳动保护用品。

(2) 设备、工用具、材料准备：卡瓦1个，300mm活动扳手1把，钢丝刷1把，螺纹脂刷1把，HJ-30机油1kg，钻具适量，螺纹脂5kg。

操作程序：

(1) 检查卡瓦：

①检查卡瓦牙是否齐全、清洁，固定是否牢靠，是否装反，卡瓦尺寸必须与所卡管体直径相符。起下钻铤时，卡瓦距内螺纹端面0.5m，距安全卡瓦5cm，严禁用卡瓦崩扣。

②检查铰链销钉、固定螺钉是否固定牢靠。

③检查垫圈、开口销、手柄是否齐全。

(2) 卡瓦卡持钻具的操作：

①卡持钻铤时，卡瓦必须与安全卡瓦配合使用。

②卡瓦使用前，背面应涂螺纹脂。

③卡瓦的开口对准钻具，内钳工与外钳工配合使卡瓦抱住管体，坐在转盘方瓦上，悬持钻具。

(3) 摘卡瓦的操作及要求：

①打开时，内钳工与外钳工配合卡瓦随钻具一起提出转盘面，内钳工向后拉中间手把，外钳工分开卡瓦顺势外推。

②卡瓦摆放位置要合适。

③卡瓦不得同大方瓦同时提出。

操作安全提示：

井口操作人员应站在卡瓦旋转范围外，以防转动时打伤腿脚。

39. 使用安全卡瓦操作

准备工作：

（1）正确穿戴劳动保护用品。

（2）设备、工用具、材料准备：钻铤 1 根，450mm 活动扳手 1 把，8kg 大锤 1 把，钢丝刷 1 把，10 节安全卡瓦 1 副，HJ–30 机油 1kg。

操作程序：

（1）根据所卡管体外径选用相应尺寸的安全卡瓦。

（2）检查安全卡瓦：

①用手逐个下压安全卡瓦牙，其弹簧应完好。

②检查卡瓦牙及铰链轴销的开口销是否完好。

（3）卡瓦卡住钻铤后，将安全卡瓦卡在距卡瓦约 50mm 处，用扳手上紧螺母，用大锤轻击各个铰链轴销，再紧螺母。

（4）卸松螺母，拔出丝杠销，取下安全卡瓦，放置在适当位置，不得用其他材料代替丝杠销。

（5）检查、保养安全卡瓦。

操作安全提示：

（1）卡瓦牙应保持清洁，使用时不准卡反，严禁留在钻铤上随其一同升降，以防安全卡瓦落下伤人。

（3）安全卡瓦丝杠销链齐全，扳手应有安全绳，防止丝杠销、手工具等落井。

（4）用大锤敲打铰链时，用力要轻，防止损伤卡瓦。

（5）井口操作人员应站在卡瓦旋转范围外，以防转动时打伤腿脚。

40. 使用液压千斤顶操作

准备工作：

（1）正确穿戴劳动保护用品。

(2) 设备、工用具、材料准备：液压千斤顶1台，液压千斤顶手柄1根，20mm×150mm×20mm垫木2块，50kN水泥墩1块。

操作程序：

(1) 选择千斤顶的规格要适当，严禁超载荷使用，几台千斤顶联合使用时，起落要平稳同步。

(2) 操作时，基础要牢固可靠，顶头与光滑面接触时要加垫木防滑。

(3) 载荷应与千斤顶轴线一致，液压千斤顶要使用专用液压油。

(4) 液压千斤顶不能倒置使用。

(5) 把手柄的开槽端套入回油阀。

(6) 顺时针方向旋紧关闭回油阀，再取下手柄。

(7) 顶头向上对正所顶部位，底座坐牢。

(8) 将手柄插入掀手孔内，上下掀动，活塞杆即平稳上升举起重物。

(9) 用手柄开槽端将回油阀按逆时针方向微旋松，活塞杆即渐渐退回（千斤顶卸压不能过快），顶头复位。

41. 使用压杆式黄油枪操作

准备工作：

(1) 正确穿戴劳动保护用品。

(2) 设备、工用具、材料准备：待保养设备1台，400g压杆式黄油枪1把，150mm活动扳手1把，ZL-3锂基润滑脂5kg，棉纱若干。

操作程序：

(1) 检查：

①检查黄油枪活塞、枪头密封情况。

②检查油道是否畅通。

③所用润滑脂应干净无杂质。

(2) 装密封脂：

①拉出拉杆，使活塞靠近后端，锁住拉杆。

②卸下前端盖，装满润滑脂，润滑脂应干净无杂物。

③旋上前端盖，将拉杆解锁。

④掀动手柄，排除空气。

(3) 注入润滑脂：

①检查设备是否停止运转，做明显标记。

②油枪头与黄油嘴对正，倾斜不超15°。

③掀动手柄，注润滑脂，一次成功。注入润滑脂时，枪头应与黄油嘴对正，倾斜度不得大于15°。应在保养的设备停止运转的情况下进行，并挂牌做好明显标记。

④清除注润滑脂处的油污。

操作安全提示：

保养后，应将设备内的工具清理干净。确定周围无人后，方能启动设备。

42. 使用钢锯操作

准备工作：

(1) 正确穿戴劳动保护用品。

(2) 设备、工用具、材料准备：台钳1台，锯弓1把，锯条适量，工件1个，钢卷尺1把。

操作程序：

(1) 将工件在台钳上夹紧。

(2) 用右手握住锯柄，左手扶锯弓的前方，短距离推拉起锯。装锯条时锯齿应朝前，不能装反。

(3) 锯入1mm左右时，身体上部略向前倾，推锯时适当下压,拉锯时适当抬起。锯割过程中锯条要保持正而直。

(4) 右手施力往复运动,左手协助扶正锯弓,用力要均匀。工件要锯断时,用手或支架托住,以完成锯割。起锯时锯条与工件的角度以15°左右为宜,锯割的往复速度以30~40次/min为宜。锯条往复距离一般不小于锯条长度的2/3。操作人员要佩戴护目眼镜,以防锯条崩断伤人。

43. 检查绞车操作

准备工作:

(1) 正确穿戴劳动保护用品。

(2) 设备、工用具、材料准备:JC-14.5绞车1台,1m撬杠1把,8kg大锤1把,30mm活动扳手1把。

操作程序:

(1) 检查绞车固定情况。检查绞车时,必须摘掉绞车动力,并有专人看守气开关或挂牌。

(2) 打开绞车护罩,检查轴承、链轮、拨叉、离合器的磨损及固定情况。

(3) 检查刹车系统(曲轴、平衡梁、或液压盘刹)、冷却系统。

(4) 检查辅助刹车(电源、电动机、控制箱)及冷却系统。辅助刹车牙应摘挂灵活,水管线应畅通无滴漏。

(5) 检查链条(或万向轴)的润滑及磨损情况。绞车链条应无严重磨损、断销、掉片及轴套破裂。

(6) 检查防碰天车装置。

(7) 检查绞车护罩。

(8) 检查液压盘刹电源、电动机、控制箱。

绞车各固定应牢固可靠,各护罩齐全。检查完毕,确定绞车内及周围有无人或手工具,安好护罩,同机房人员联系后方可挂合动力。绞车所有润滑部位的黄油嘴齐全畅通,并按规定及时注润滑脂。拨叉螺钉齐全,摘挂灵活。

44. 保养绞车操作

准备工作:

(1) 正确穿戴劳动保护用品。

(2) 设备、工用具、材料准备:JC-14.5绞车1台,400g液压式黄油枪1把,300mm活动扳手1把,1300mm撬杠1把,1200mm链钳1个,机油壶1把,机油桶1只,漏斗1个,油刷1把,HJ-30机油5kg,记录本1本,清洗剂1瓶,锂基润滑脂适量,棉纱若干。

操作程序:

保养绞车时,必须先摘掉绞车动力,并有专人看守气开关或挂牌。保养完毕后,应亲自查看绞车内及周围有无人或手工具,安好护罩,同机房人员联系后方可挂合动力。

(1) 按规定的保养时间,用润滑脂保养各点项。

(2) 使用机油润滑,保养各链条,检查机油泵。绞车所有润滑部位的黄油嘴应畅通,并按要求及时注润滑脂。机油量以游标尺为准,机油需无明显变质。

(3) 检查绞车各固定螺栓。

(4) 擦洗绞车外表面。擦洗绞车时,应防止滑落,应避免清洗剂和水流入刹车系统,以防造成刹车失灵。

(5) 安装护罩,清理工具。

(6) 保养时应按规定的油品、油量加注,并填写好保养记录,不得超保漏保。

(7) 各类绞车的保养应按规定执行。

45. 安装滑轮操作

准备工作:

(1) 正确穿戴劳动保护用品。

（2）设备、工用具、材料准备：250mm 活动扳手 1 把，200mm 螺丝刀 1 把，30kN 滑轮 2 个，长度为 1m 的 φ4mm 铁丝 2 根，长度为 15m 的 φ13mm 钢丝绳 1 根，长度为 1m 的 φ13mm 钢丝绳 1 根，φ13mm 绳卡 6 个。

操作程序：

（1）定滑轮的安装：

①对滑轮的轮槽、轮轴、吊钩等部位进行检查，不合格的滑轮严禁使用。

②在固定横梁处盘绕一个钢丝绳套，用三个绳卡将钢丝绳套接口处卡牢。

③将滑轮吊钩挂入绳套，检查保险销是否封住钩口，并用铁丝缠绕封死钩口。

④放入工作钢丝绳，盖上绳板。

⑤用铁丝将钩口缠绕两圈封死。

⑥拉动钢丝绳，看滑轮运转是否正常。

（2）动滑轮的安装：

①选择滑轮。动滑轮与定滑轮规格相同，检查滑轮的轮槽、轮轴、吊钩等部位。

②放入工作钢丝绳，盖上绳板。

③拉动滑轮（吊钩朝下），看其转动是否灵活。

操作安全提示：

（1）不合格的滑轮严禁使用，以防造成人员伤害。

（2）井架安装滑轮时，操作者应扎好安全带，使用的工具要有安全绳，防止高空落物。

（3）根据所吊物件重量选择滑轮，严禁超载使用滑轮。

（4）未使用的滑轮要擦洗干净并涂好润滑油，放在垫有木板的干燥处。

46. 安装吊钳操作

准备工作：

（1）正确穿戴劳动保护用品。

（2）设备、工具具、材料准备：内吊钳、外吊钳各1只，150mm活动扳手1把，250mm钢丝钳1把，ϕ4mm铁丝5m，ϕ12.7mm钢丝绳136m，ϕ15mm钢丝绳6m，ϕ22mm钢丝绳16m，ϕ13mm绳卡18个，ϕ22mm绳卡12个，保险带1副。

操作程序：

（1）待A形井架穿完大绳后，将12.7mm吊绳分别穿入井架专用滑轮内，并临时拴在井架大腿上。吊绳要在井架上拴牢，无打扭、打结、断丝锈蚀和硬伤等缺陷，井架滑轮固定要牢靠。

（2）井架起完后，开始安装吊钳。

（3）将吊钳一端与吊钳杆连接，另一端与吊钳平衡重锤连接，用绳卡卡牢。

（4）将22mm钳尾绳一端用死扣拴在井架内侧钳尾绳桩子上，用22mm绳卡3只卡牢，钳尾绳的长度要合适。

（5）钳尾绳另一端与钳尾销相连，用绳卡卡牢，上好安全销。

（6）吊钳安好后，钳尾绳与钳柄的夹角以90°为标准。

47. 检查B形吊钳操作

准备工作：

（1）正确穿戴劳动保护用品。

（2）设备、工具具、材料准备：B形吊钳1只，300mm活动扳手1把，钢丝刷1把，1.5kg手锤1把，200mm钢丝钳1把，钳牙4块，ϕ22mm钳尾绳2根，扣合器1套，开口销5个，钢丝刷1把。

操作程序：

(1) 检查钳牙：

①检查前应用钢丝刷刷干净。

②检查钳牙磨损情况。

③检查钳牙上、下挡销是否齐全。

④检查钳牙是否松动或折断。

(2) 检查钳尾销及钳尾绳：

①检查钳尾绳尺寸是否符合标准。

②检查钳尾绳是否有锈蚀、断丝等现象，是否压有异物。

③钳尾绳两端固定是否牢靠。

④钳尾销的锁销、开口销、背帽是否齐全。

⑤各扣合器连接销，是否上紧螺母和挡销。

⑥钳尾绳的长度是否合适，有打扭、打结、断丝锈蚀和硬伤等缺陷，

(3) 检查吊绳：

①吊绳规格是否符合使用标准。

②绳卡规格是否与吊绳相符，并按要求卡牢。

(4) 检查吊钳的水平度：

①吊钳要水平。

②调节平衡螺钉下面不得有垫物。

③吊钳上下活动不得有阻卡。

(5) 检查吊钳销子、各扣合器及钳柄：

①吊钳各部位的销子不能装反。

②挡销、背帽要齐全。

③扣合尺寸与钻具（或套管）尺寸应相符。

④检查各处有无伤痕。

⑤吊钳绳有打扭、打结、断丝锈蚀和硬伤等缺陷，应及

时更换。

（6）检查吊钳是否灵活好用。

（7）检查吊钳及各连接铰链的润滑情况，及时进行保养并定期注润滑脂。

操作安全提示：

检查大钳时，应避开井口。

48. 检查液压大钳操作

准备工作：

（1）正确穿戴劳动保护用品。

（2）设备、工用具、材料准备：Q10-M液压大钳1台，300mm扳手1把，六角扳手1套，400g黄油枪1把，20号耐磨液压油5kg，HJ-40机油2kg，ZG-2钙基润滑脂1kg。

操作程序：

（1）检查钳牙：

①检查前应用钢丝刷将钳牙刷干净。

②检查钳牙磨损情况。

③检查钳牙上下螺栓是否齐全。

④检查钳牙是否松动或折断。

⑤检查滑块及螺钉是否断裂。

（2）检查移送气缸及钳尾绳：

①检查钳尾绳规格是否符合标准。

②检查钳尾绳是否有锈蚀、断丝等现象，是否压有异物。

③检查两端固定是否牢靠。

④检查钳尾销、气缸、锁销、钳桩是否齐全完好。

（3）检查液气压系统：

①检查各液压管线有无漏油，气管线是否漏气，固定是否完好。

②检查压力表、气压表、液动阀是否完好。
③检查各操作手柄固定是否牢靠无漏气。

(4) 检查吊绳:
①检查吊绳规格是否符合使用标准。
②检查绳卡规格是否符合,并按要求卡牢。

(5) 检查液压大钳的水平度:
①液压大钳水平度应符合使用标准。
②调节平衡螺钉下不得有垫物。
③液压大钳上下活动不得有阻卡。

(6) 检查液压大钳扣合器及大钳旋转部位固定螺钉:
①液压大钳各部位的销子不能装反。
②挡销、背帽要齐全。
③颚板尺寸、堵头螺钉与钻具(或套管)尺寸相符。
④检查各处有无伤痕。
⑤检查刹带松紧度是否合乎要求。
⑥检查上下钳部件是否齐全,运转是否正常。
⑦检查钳框扣合是否灵活,固定是否牢靠。
⑧检查液压大钳是否灵活好用。
⑨检查吊钳的润滑情况。润滑油、润滑点应无漏保,及时进行保养。

操作安全提示:

检查前一定要将液压大钳液压站电源关掉,气源关掉,并挂牌"正在检查"。

49. 保养液压大钳操作

准备工作:

(1) 正确穿戴劳动保护用品。
(2) 设备、工用具、材料准备:Q10-M 液压大钳 1 台,

300mm扳手1把，400g黄油枪1把，20号耐磨液压油5kg，机油壶1把，毛刷1把，ZG-2钙基润滑脂1kg，HJ-40机油2kg，齿轮油10kg。

操作程序：

（1）检查：首先摘掉气开关，检查油道是否畅通，润滑脂是否符合要求，有无杂质，是否变质。

（2）保养：

①保养上下钳各点注润滑脂。14个滚子润滑点每次起下钻前注一次润滑脂并清洗、涂油、灵活好用，冬季吹干防止冻结。紧固上下钳各点螺钉。更换钳牙，固定钳牙和各连接销。

②保养移送气缸、夹紧气缸各2个润滑点，每次起下钻前注一次润滑脂，活塞杆用棉纱擦干净涂上一层润滑脂，然后将全部伸出部分收回缸内。紧固前后盖螺栓。

③保养齿轮箱，加注齿轮油。每500h更换加注齿轮油。每500h换变速箱二硫化钼润滑脂一次。

④花键轴1个润滑点，每次起下钻前注一次润滑脂。

⑤椭轮轴头2个润滑点，每次起下钻前注一次润滑脂。

⑥检查紧固液压、气管线。

⑦检查保养液压减压阀密封件及弹簧，清洁并检查压力表、气压表。

⑧清洁液压大钳各部件，冬季吹干防止冻结。

⑨填写保养记录。

⑩清理现场回收工具。

操作安全提示：

挂有正在保养的指示牌或专人看管。保养后要清理工具，防止工具落在大钳内，损伤人或设备。

50. 检查液压大钳液压工作站操作

准备工作：

（1）正确穿戴劳动保护用品。

（2）设备、工用具、材料准备：液压泵站1套，万用表或电笔1只，300mm活动扳手1把，250mm钢丝钳1把，液压油100kg，棉纱若干。

操作程序：

（1）检查油道是否畅通，润滑油是否符合要求，有无杂质，是否变质。

（2）检查电源：

①检查控制箱面板及各部固定。

②检查线路及连接。

③检查面板各指示及开关。

（3）检查电动机：

①电动机固定牢靠，线路连接牢靠。

②电动机的联轴器连接完好。

③电动机运转正常，电动机的保养及护罩符合要求。

（4）检查液压泵：

①液压泵固定牢靠。

②液压泵的联轴器螺栓齐全、紧固。

③柱塞泵运转正常。

（5）检查液压油箱：

①油面高度符合标准。

②检查各液压管线是否与其他物体接触，各连接管线有无渗漏，是否连接牢靠。

③液压油无变质，呼吸口连接良好。

（6）挂合电源开关，电动机、柱塞泵运转正常，系统压力正常。

(7) 回收工具,清理现场。

操作安全提示:

(1) 冬季使用前,要给液压油滤芯加温(或用电保温),以防憋坏滤芯。

(2) 要定期更换液压油和滤芯,油箱内不能混入水或其他液体。

51. 更换 B 形大钳和液压大钳钳牙操作

准备工作:

(1) 正确穿戴劳动保护用品。

(2) 设备、工用具、材料准备:Q10－M 液压大钳 1 台,B 形大钳 1 只,大锤 1 把,手锤 1 把,手钳子 1 把,平口螺丝刀 1 把,钢丝刷 1 把,管钳 1 把,内六角扳手一套,清洗剂 500mL。

操作程序:

(1) 更换 B 形吊钳钳牙:

①用钢丝刷清洁后,确定需要更换的钳牙。

②用手钳子拆下钳牙上下开口销。

③用一块新钳牙对正钳牙槽放入,用手锤边敲打边观察,防止倾斜、憋劲。

④有些钳牙可能由于牙槽变形而难以取出,应一人用大锤用力砸,一人将钳牙用管钳夹紧扶正,防止其摆动。

⑤钳牙进入牙槽后,用手锤调整钳牙上下位置,使其居中,穿上新的保险开口销。

(2) 液压大钳钳牙的更换:

①用钢丝刷清洁后,确定需要更换的钳牙。

②调整开口方向,使其一致朝前,关闭液气动力。

③将需要更换钳牙的钳头（颚板）取出，用内六角扳手卸开上部螺栓，一般情况用手可向上滑动取出钳牙，若太紧可用手锤轻轻敲击取出。

④若非常紧，卸开钳牙下部螺栓，用一块新钳牙从上往下顶出即可。

⑤拆卸完后，清洗牙槽，涂上黄油，装上钳牙及螺栓，以便下次拆卸。

⑥检查好滑块和螺栓，若完好，可将钳头装入大钳内。

⑦清点工具数量，确保无工具散落在大钳夹缝内。

操作安全提示：

（1）操作前，应关闭液压大钳控制气源和液源，防止误操作，对人体造成伤害。

（2）禁止在井口处更换钳牙，以防止钳牙及工具落入井内，造成井下事故。

52. 检查保养游车大钩操作

准备工作：

（1）正确穿戴劳动保护用品。

（2）设备、工用具、材料准备：游车1台，大钩1只，400g黄油枪1支，1000mm撬杠1根，300mm活动扳手1把，ZL-3钙基润滑脂1袋。

操作程序：

（1）检查：

①滑轮轴承、大钩止推轴承、中心轴销及各摆动部件自由无阻卡。

②钩身制动装置、钩口安全锁紧装置应灵活可靠，侧钩闭锁装置可靠。

③游车大钩各紧固螺栓、螺母应不松动，各开口销齐全。

④检查大钩吊环保险绳是否齐全,是否有锈蚀。

(2) 保养:

①按规定保养时间,用黄油枪将润滑脂注入各润滑部位。

②注润滑脂后,将黄油嘴油污擦干净。

③做好记录。

53. 检查保养转盘操作

准备工作:

(1) 正确穿戴劳动保护用品。

(2) 设备、工用具、材料准备:转盘1台,300mm活动扳手1把,400g压杆式黄油枪1支,ZL-3锂基润滑脂1kg,SAE90润滑油10kg。

操作程序:

(1) 检查:

①观察转盘固定,四角挡块齐全,反正螺栓拉紧或丝杠顶紧,转盘无位移。

②打开护罩,观察链轮应无轴向位移,轴头固定螺栓无松动。查看快速轴密封状况,检查完毕后重新固定好护罩。

③用扳手活动固定转盘与方瓦以及方瓦与方补心所用的制动块和销子,应转动灵活。

④打开加油孔盖,观察机油油量、油质是否符合标准。机油量以油标尺刻度为标准,应清洁无杂质,每1000h更换一次机油。

⑤转盘在使用过程中,用手触摸壳体不应过热,转盘转动平稳,无上下跳动和杂音。

(2) 保养:

①润滑油变质应更换润滑油,数量不足应补充。

②按时向各润滑点加注润滑脂。滚子补心、锁紧装置、

防跳轴承每500h注一次润滑脂,万向轴每100h注一次润滑脂。

(3) 保养完填好记录,不得超保、漏保。

操作安全提示:

必须在转盘不工作的情况下检查保养。

54. 使用气动小绞车操作

准备工作:

(1) 正确穿戴劳动保护用品。

(2) 设备、工用具、材料准备:JFH-2/24气动小绞车1台,ⅡV3/8空气压缩机1台,小于2500kg重物1件,ϕ10mm钢丝绳套3m,钢丝绳120m。

操作程序:

(1) 检查:

①检查气动绞车固定情况,应符合要求。

②刹车灵敏可靠。

③钢丝绳排列整齐,无结扣、打扭和严重断丝,并且不与其他绳索缠绕。

④气动绞车开关灵活好用,不漏气。

⑤检查滑轮的转动和固定情况及吊钩固定情况。

⑥检查气动绞车的吊钩是否使用专用保险钩。

(2) 挂合:

①打开气路总阀门。

②两腿站立于气动绞车前,一手扶刹把,一手握气开关。

(3) 起升:

①得到起升信号后,开始合气开关。

②钢丝绳绷紧前,滚筒速度较快,滚筒钢丝绳排列不乱,吊钩无挂卡。

③钢丝绳绷紧时，滚筒速度减慢，略微吊起重物，刹住刹把，观察绳套是否拴牢和重物是否转动。

④慢合开关，看重物在地面是否拖动，地面有无障碍。重物在地面拖动时，要慢慢吊起重物。

⑤重物吊离地面后，快速吊起重物，同时观察吊钩和绳卡有无挂卡。

⑥重物吊起后刹住刹把，同时摘掉开关。

（4）下降：

①重物吊到指定地点后，反合开关，松开刹把，下放重物，同时观察吊钩和绳卡有无挂卡。

②重物落地时，缓慢下放，同时观察地面是否有障碍和重物是否转动。

③重物落稳后，快放钢丝绳。

④整理现场。

操作安全提示：

（1）禁止超负荷或吊人进行高空作业。

（2）操作时，要集中精力，密切注意吊钩，防止误操作造成人员伤害。

（3）吊重物的绳套必须拴牢、部位合理，并有专人指挥方可起吊。

55. 起钻二层平台操作

准备工作：

（1）正确穿戴劳动保护用品。

（2）设备、工用具、材料准备：钻杆钩1把，保险带4件，ϕ32mm兜绳1根，信号棒1根。

操作程序：

（1）检查安全带、兜绳是否完好，固定是否牢靠、合理；

检查钻杆钩、信号棒是否拴好保险绳；检查二层平台逃生绳固定情况、逃生装置的完好情况。

（2）游车上升时，观察钢丝绳有无明显断丝及磨损情况。接头超过二层平台正常位置时，发出刹车信号，及时提醒司钻，防止碰天车。

（3）立柱坐井口卡瓦（吊卡）后绕好兜绳，看钻台卸扣，同时注意观察钻具弯曲情况，注意吊卡是否摆动。

（4）卸扣完，立柱提起进钻杆盒时，用力拉兜绳使立柱靠近操作台，并迅速将兜绳固定在U形卡上。

（5）眼看吊卡下放离开内接头台阶，右手摘开吊卡，双手拉兜绳使立柱进二层平台，目送游车过指梁。

（6）抽出兜绳，用钻杆钩将把立柱拉入立柱排放架，立柱排满或起完钻后挂好保险链，及时锁住挡杆，防止立柱出二层平台。

56. 下钻二层平台操作

准备工作：

（1）正确穿戴劳动保护用品。

（2）设备、工用具、材料准备：钻杆钩1把，保险带4件，$\phi 32mm$兜绳1根，信号棒1根。

操作程序：

（1）检查安全带、兜绳是否完好，固定是否牢靠、合理；检查钻杆钩、信号棒是否拴好保险绳；检查二层平台逃生绳固定情况、逃生装置是否完好。

（2）兜绳留出适当的长度将活绳端固定在U形卡上，把下井的立柱用钩子拉出，靠在操作台上，绕好小兜绳。

（3）目视游车上升，防止游车碰操作台，有情况及时向司钻发出信号。游车过操作台后，及时发出停车信号（一上提，二下放，三停止）。

（4）吊卡到位停止后，松开小兜绳，利用游车的摆动将立柱推入吊卡内，右手迅速扣好活门，再试拉活门，安全销进入销孔后发出起车信号。

（5）上提立柱时慢松兜绳，扶立柱配合井口上扣，上紧扣后取下兜绳。

（6）钻具下放时，目送游车过操作台。

（7）钻铤上扣时，注意提升短节是否倒扣。

（8）钻具比较重时，注意观察天车、游车及大钩连接固定是否齐全完好、运转是否正常、有无杂音。如有异常，及时与司钻联系。

（9）下钻完把所有用绳收回盘好，工具放置安全地点，防止掉落。

57. 使用辅助刹车操作

准备工作：

（1）正确穿戴劳动保护用品。

（2）设备、工用具、材料准备：辅助刹车1台，350mm活动扳手1把，400g黄油枪1把，电笔1支，ZG-2钙基润滑脂1kg。

操作程序：

（1）检查：

①检查辅助刹车固定情况，检查电源、控制箱、风机等。
②保养牙嵌花键、挡圈拨叉及轴承。
③冷却系统符合要求。

（2）挂辅助刹车：

①挂辅助刹车前，刹车使滚筒停转，对正牙嵌（或齿套），扳动拨叉手柄使牙嵌（或齿套）挂合。

②锁住手柄,打开冷却风机或水冷系统进水阀。

(3) 摘辅助刹车:

①停止并刹住滚筒,解锁后扳动拨叉手柄使两牙嵌(或齿套)脱开。

②将冷却系统停止。

操作安全提示:

(1) 严禁在滚筒转动时挂合辅助刹车。

(2) 在游车上升时,司钻要松开开关让其复位。

(3) 冬季使用水冷辅助刹车时,停用后应将冷却水放净、吹干。

58. 检查、使用正压式呼吸器操作

准备工作:

(1) 正确穿戴劳动保护用品。

(2) 设备、工用具、材料准备:正压式呼吸器1套,操作桌1张。

操作程序:

(1) 检查:

①检查正压式呼吸器压力,检查各部件是否齐全完好。

②瓶头阀向前方,气瓶朝下,背托架向上,背带分散置钢瓶左右,理顺管路,将供气阀摆放在气瓶与面罩之间,面罩的镜面朝上摆放。将背带、胸带、腰带调节到适合自己的长度。

(2) 操作:

①佩戴:将压缩空气瓶瓶底向下背在肩上。

②调节肩带。

③固定腰带,松紧度适宜。

④系牢胸带。

⑤将面罩上的长脖带套在脖子上,面罩挂在胸前。

⑥一手握住面罩进气口,另一只手抓住面罩系带,由下向上戴,密封框下应无异物,然后收紧系带。

⑦检查面罩的气密封性。

⑧连接供气阀和面罩,关闭手动开关。

⑨打开旁通阀,检查旁通阀工作情况。若旁通阀工作正常,关闭后可正常使用。

⑩打开瓶头阀,听残气报警声,压力表压力在26~30MPa。

操作安全提示:

(1) 戴面罩时,面罩的密封框下不要有头发或其他物体。

(2) 压力表与气瓶间的管路、气瓶与快速接头间的管路、接头与供气阀之间的管路连接牢固。

59. 更换水龙头冲管操作

准备工作:

(1) 正确穿戴劳动保护用品。

(2) 设备、工用具、材料准备:水龙头1台,8kg大锤1把,卡簧钳1把,撬杠1根,800mm螺丝刀1把,ϕ30mm铜棒1根,冲管1根,密封填料1套,O形封闭圈1套,ZG-2钙基润滑脂1kg,0号柴油2kg,清洗盆1个,棉纱适量。

操作程序:

(1) 用大锤砸松上下密封盒压盖,卸开水龙头冲管,取下旧冲管总成。

(2) 卸下黄油嘴、螺钉、上下密封盒的O形密封圈、卡簧、上密封盒,抽出冲管,拿下压盖,分别把上下密封盒里的密封压套、隔环、密封填料取出清洗干净并检查完好后待用。

(3) 将新冲管、新密封填料、隔环、上下密封盒内涂一层润滑脂,按先后顺序把密封填料装入隔环,再装入上下密封盒。把下密封盒密封压套装好用螺钉固定。

(4)把新冲管装入下密封盒内,套上下压盖,再套上上压盖,装上上密封盒,卡上密封盒,卡上卡簧,最后装上下密封盒的O形密封圈及黄油嘴。有注油孔的隔环要对正带有黄油嘴的隔环,以确保润滑通道通畅。

(5)将装好的冲管总成装入水龙头的冲管位置,上下对正,上紧上下压盖,清理好手工具,更换完毕。冲密封及隔环不能装反,上下压盖均为左旋螺纹,不得旋错方向。

操作安全提示:

(1)当井内用钻具时,禁止将水龙头坐在转盘上换冲管,以防止卡钻。

(2)需要在大鼠洞上卸冲管时,操作者应站好位置,佩戴低空安全带,握牢大锤并拴保险绳,防止坠落。

60. 常用接头识别操作

准备工作:

(1)正确穿戴劳动保护用品。

(2)设备、工用具、材料准备:内卡钳、外卡钳各1套,接头10个,直尺1把,记录笔1支,纸适量。

操作程序:

(1)正反扣的识别:

①第一种方法是直接看接头的标记槽,一道杠为正扣,二道杠为反扣。

②第二种方法是观察螺纹的旋向,将接头直立在地面上,右旋上升为正扣,左旋向上为反扣。

(2)直接识别法:可以直接看标记槽的钢号。如410第一位数字表示钻具外径;第二位数字表示接头类型,有1、2、

3三种，1代表内平式，2代表贯眼式，3代表正规式接头；第三位数代表两种螺纹，1为外螺纹，0为内螺纹。

(3) 测量识别法：

①测量外螺纹时，先用外卡钳和直尺量出外螺纹大头直径数据和小头直径数据，然后查对"接头螺纹规范表"，即可读出扣型。

②测量内螺纹时，先用内卡钳和直尺量出内螺纹镗孔直径数据，然后查对"接头螺纹规范表"，即可读出扣型。

③在实际生产过程中，如果旧接头磨损严重、产生直径偏差，用测量法识别会导致数据不准。

61. 检查、使用干粉灭火器操作

准备工作：

(1) 正确穿戴劳动保护用品。

(2) 设备、工用具、材料准备：模拟着火点1处，干粉灭火器1个，可燃物适量。

操作程序：

(1) 检查干粉灭火器：

①检查干粉灭火器的时间标签是否过期。

②检查干粉灭火器的铅封是否完好。

③检查干粉灭火器各部是否损坏、变形。

(2) 先上下颠倒几次，使筒内的干粉松动。

(3) 迅速提灭火器至火场，打开铅封拔出保险插销。

(4) 站在火源上风头2m左右处。

(5) 一手用力压下压把，另一手握喷嘴对准火焰根部向前推进。

操作安全提示：

(1) 室外灭火时，操作者一定站在火源的上风方向，以防造成伤害。

（2）室内灭火时，操作者应做好自我保护和观察好撤离路线，以防造成伤害。

（3）扑救液体火灾时，不要将粉流直接冲击液面，防止液体飞溅造成意外伤害。

62. 填写现场工程资料操作

准备工作：

（1）正确穿戴劳动保护用品。

（2）设备、工用具、材料准备：钻井工程班报表1份，钻井液记录1份，钻具记录1份，计算器1个，钢笔1支。

操作程序：

（1）按时间顺序填写"工作内容"栏。

（2）填写"钻井参数"栏。

（3）填写"钻井液性能"，钻进时的钻井液性能要与钻进工作相对应，起钻时的钻井液性能指标填入表下部的"钻井液性能"栏。

（4）填写"钻具组合"栏，并计算钻具总长。

（5）分析钻井时效，分别填入"时效分析"栏。

（6）要求数据齐全准确，工作内容真实；字体要工整，资料表面要整洁；所填写的数据要用法定计量单位。

（7）计算：

①钻具总长＝钻头高度＋钻铤长度＋钻杆长度＋接头长度。

②交班井深＝钻具总长＋方入。

③本班实际进尺＝交班井深－接班井深。

④钻头累计进尺＝接班进尺＋本班实际进尺。

⑤钻头累计纯钻进时间＝接班累计纯钻进时间＋本班纯钻进时间。

(8) 将计算数据分别填入相应栏目。

(9) 填写"钻头"栏。

63. 检查钻具操作

准备工作:

(1) 正确穿戴劳动保护用品。

(2) 设备、工用具、材料准备:撬杠1根,钢丝刷1支,梳齿规1个,螺纹规1个,棉纱适量。

操作程序:

(1) 滚动钻具,平视钻具,仔细观察其是否弯曲,并同时认真观察、检查其本体是否有明显伤痕。

(2) 使用钢丝刷和棉纱把螺纹擦洗干净,并仔细观察检查。钻具螺纹严重锈蚀,螺纹偏磨超出钻具使用标准,密封面不平(如刺痕、粘痕、碰伤等),螺纹磨圆、变形或有刺伤时严禁下井。

(3) 观察钻具水眼是否清洁、畅通。

(4) 若查出不符合使用标准的钻具,要做明显标记并向技术员汇报。

64. 钻具、套管入井操作

准备工作:

(1) 正确穿戴劳动保护用品。

(2) 设备、工用具、材料准备:钻具若干,套管的提环1个,护丝2个,滑轮1组,绳套1条,撬杠1根,钢丝刷1支,棉纱适量。

操作程序:

(1) 检查清洁钻具、套管螺纹,检查螺纹、台肩磨损情况,检查本体是否弯曲。

(2) 检查钻具水眼，确保水眼畅通，套管水眼必须用相应规格的通径规进行通径检查。

(3) 凡不合格的钻具、套管均明显标识、分开排放，并向工程技术员汇报，不合格的钻具、套管不得入井。

(4) 钻具、套管按编号排列整齐，排放钻具、套管不能大于3层。

(5) 钻具上钻台前上紧提环，戴好护丝，按序号入井。

(6) 套管上钻台前戴好护丝、护帽，挂好绳套后应锁紧吊钩安全装置，按序号入井。

(7) 挂好吊钩，发出起吊信号，目送钻具、套管上钻台。

操作安全提示：

(1) 排放钻具、套管时，应注意防止砸伤、挤伤。

(2) 钻具、套管上钻台前，待站在安全位置后，再向钻台发出起吊信号。

二、常见故障判断处理

1. 导气龙头故障的原因有哪些？如何处理？

故障原因：

(1) O形橡胶密封圈损坏，碳铜破裂。

(2) 壳体内部缺油。

处理方法：

(1) 更换。

(2) 应及时注润滑油。

2. 转盘离合器的气路故障现象有哪些？故障原因有哪些？如何处理？

故障现象：

(1) 漏气。

(2) 不能进气或放气。
(3) 手柄扳动不灵活。
(4) 气路控制失灵。

故障原因:
(1) 阀座磨损,O形密封圈损坏。
(2) 阀下钢球脱落,更换阀总成。
(3) 定位螺钉顶住活塞,间隙小。
(4) 阀弹簧坏,阀座卡死。

处理方法:
(1) 更换O形密封圈。
(2) 更换阀总成。
(3) 调节间隙。
(4) 更换或清洗。

3. 滚筒故障的原因有哪些?如何处理?

故障原因:
(1) 气路有故障。
(2) 摩擦片严重磨损,负荷过重,有卡阻现象。

处理方法:
(1) 检查气路,排除故障。
(2) 换摩擦片,详细检查转动部位有无落物和变形现象。

4. 离合器故障有什么现象?故障的原因有哪些?如何处理?

故障现象:
摘开离合器,滚筒轴仍旋转。
故障原因:
(1) 气路未断气。

(2) 未自动放气。

(3) 新换摩擦片。

处理方法：

(1) 检查气路，排除故障。

(2) 更换快速放气阀。

(3) 换薄摩擦片，保证间隙 2～3mm，或增加调整垫的厚度。

5. 快速放气阀故障有什么现象？故障的原因有哪些？如何处理？

故障现象：

(1) 卡死。

(2) 漏气。

(3) 放气不畅。

故障原因：

(1) 有污物。

(2) O形密封圈磨损。

(3) 气胎管路跑气。

处理方法：

(1) 清洗。

(2) 更换。

(3) 检查修理。

6. 手柄调压阀故障的原因有哪些？如何处理？

故障原因：

(1) 阀门坏，阀门夹入污物。

(2) 阀门锈死。

处理方法：

(1) 更换或清洗。

(2) 更换阀门。

7. 高、低速离合器故障有什么现象?故障的原因有哪些?如何处理?

故障现象:

不放气或放气慢。

故障原因:

(1) 气开关内的阀组件损坏。

(2) 继气器阀芯有阻卡现象。

(3) 快速放气阀阀芯损坏。

处理方法:

(1) 检修或更换阀组件。

(2) 检修或更换继气器阀芯。

(3) 检修或更换快速放气阀阀芯。

8. 电驱动绞车故障有什么现象?故障的原因有哪些?如何处理?

故障现象:

(1) 温升超标。

(2) 噪声超标。

(3) 漏油。

故障原因:

(1) 润滑系统压力低。

①管路堵塞。

②润滑油变质。

③旋转零部件卡阻滞涩。

④油面过低,油池内油量少,影响散热。

(2) 链条太松。

①轴承损坏。
②连接件或紧固件松动。
③系统共振。
④异物进入机内或机内的零件脱落造成碰撞。
(3) 从轴颈处漏油。
①腔内油蒸气压力过大或过小。
②油封损坏。
③从护罩处漏油的原因是护罩变形或者密封不良。

处理方法：
(1) 调整系统压力，使其达到 0.1~0.4MPa。
①查找与发热部分相关的管路，排除堵塞。
②清洗、换油。
③找出根源，对症解决。
④补充润滑油至额定值。
(2) 按链条的调整规程操作。
①更换轴承。
②找出根源，对症解决。
③改变操作转速，避开共振区。
④找出根源，对症解决，此类隐患须彻底排除。
(3) 检查呼吸阀，清除异物，更换油封。

9. 压力表的压力下降、排量减小或完全不排钻井液的原因和处理方法是什么？

故障原因：
(1) 上水管线密封不严密，使空气进入泵内。
(2) 吸入滤网堵死。

处理方法：
(1) 拧紧上水管线法兰螺栓或更换垫片。

(2)停泵,清除吸入滤网的杂物。

10. 液体排出压力不均匀、压力表指针摆动幅度大的原因和处理方法是什么?

故障原因:
(1)活塞或阀磨损严重或者已经损坏。
(2)泵缸内进空气。

处理方法:
(1)更换已损坏活塞,检查阀有无损坏及卡死现象。
(2)检查上水管线及阀盖是否严密。

11. 缸套处有剧烈的敲击声的原因和处理方法是什么?

故障原因:
(1)活塞螺母松动。
(2)缸套压盖松动。
(3)吸入不良,产生水击。

处理方法:
(1)拧紧活塞螺母。
(2)拧紧缸套压盖。
(3)检查吸入不良的原因。

12. 阀盖、缸盖及缸套密封处报警孔漏钻井液的原因和处理方法是什么?

故障原因:
(1)阀盖、缸盖未上紧。
(2)密封圈损坏。

处理方法:
(1)上紧阀盖、缸盖。
(2)更换密封圈。

13. 排出空气包充不进气体或充气后很快泄漏的原因和处理方法是什么?

故障原因:
(1) 充气接头堵死。
(2) 空气包内胶囊已破。
(3) 针形阀密封不严。

处理方法:
(1) 清除接头内的杂物。
(2) 更换胶囊。
(3) 修理或更换针形阀。

14. 柴油机负荷大的原因和处理方法是什么?

故障原因:
排出滤筒堵塞。

处理方法:
拆下滤筒,清除杂物。

15. 动力端、轴承、十字头等运动摩擦部位温度异常的原因和处理方法是什么?

故障原因:
(1) 油管或油孔堵死。
(2) 润滑油太脏或变质。
(3) 滚动轴承磨损或损坏。
(4) 润滑油过多或过少。

处理方法:
(1) 清理油管及油孔。
(2) 更换新油。
(3) 修理或更换轴承。

(4)使润滑油适量。

16. 动力端、轴承、十字头等处有异常响声的原因和处理方法是什么?

故障原因:
(1)十字头导板已严重磨损。
(2)轴承磨损。
(3)导板松动。
(4)液力端有水击现象。

处理方法:
(1)调整间隙或更换已磨损的导板。
(2)更换轴承。
(3)上紧导板螺栓。
(4)改善吸入性能。

17. 振动筛排砂异常时有什么现象?这是什么原因?怎么处理?

故障现象:
振动筛上的砂子不下行,反而往上跑。

故障原因:
主要是更换发电动机或更换电源开关时将三相线接反,致使电动机倒转,因此砂子往上跑。

处理方法:
只要把三根电源线中的任意两根调换一下,接起来即可。

18. 振动筛有时候会发生跑钻井液的故障,原因是什么?怎么处理?

故障原因:
(1)钻井液排量大于振动筛的负荷。

（2）钻井液黏度高，筛布目数大漏不下去。

（3）堵漏时钻井液中混入了大量的纤维物质，影响钻井液下漏。

（4）起钻停止循环后没及时把筛布洗干净，钻井液干了把筛布糊死。

（5）皮带松了或停电、电压偏低，电动机转速不够，振动力不足。

处理方法：

（1）当钻井液排量较大的时候，应当两个或三个振动筛同时使用。

（2）钻井液黏度高时，应当用目数少孔大的筛布。

（3）进行堵漏时，根据具体情况可以考虑不用振动筛。

（4）每次停止循环后，应及时把振动筛布洗净。

（5）经常检查保养，调整皮带松紧适当。

（6）停电之前应当及时通知场地工妥善处理。

（7）保证电压稳定，电动机转速正常。

19. 液压大钳钳头不动的故障原因是什么？处理方法是什么？

故障原因：

（1）液压站无压力。

（2）压缩空气压力不足或没气。

（3）液压手动换向阀损坏。

（4）三通气阀损坏。

（5）两个快速放气阀同时失效。

处理方法：

（1）检查液压站。

（2）检查气路。

(3) 更换。

20. 液压大钳无空挡故障原因是什么？处理方法是什么？

故障原因：

(1) 液压手动换向阀损坏。

(2) 三通气阀损坏。

(3) 气胎离合器脱不开。

处理方法：

(1) 更换新阀。

(2) 需检修。

21. 液压大钳有高低挡出现故障原因是什么？处理方法是什么？

故障原因：

(1) 气管线漏气。

(2) 双向换向阀滑盘脏或磨损严重，造成气阀漏气。

(3) 气胎离合器气胎漏气，或摩擦片磨损严重。

(4) 快速排气阀漏气。

处理方法：

(1) 更换气管线。

(2) 将漏气的换向阀卸下检查清洗，若仍不行更换新阀。

(3) 如气胎离合器气胎漏气，则更换器气胎离合器气胎；如摩擦片磨损严重，更换摩擦片。

(4) 更换快速排气阀。

22. 液压大钳换挡不换速故障原因是什么？处理方法是什么？

故障原因：

(1) 快速排气阀堵塞。

(2) 气态离合器和内齿圈间隙过小,分离不开。

处理方法:

(1) 清洗或更换快速排气阀。

(2) 调整气胎离合器和内齿圈间隙的间隙。

23. 液压大钳上钳不转故障原因是什么?处理方法是什么?

故障现象:

低挡压力上不去,螺纹卸不开。

故障原因:

(1) 气压不够或低挡气胎漏气,抱不住内齿圈而打滑。

(2) 低挡气胎摩擦片磨损严重,抱不住内齿圈而打滑。

(3) 油马达损坏,油压上不来。

处理方法:

(1) 检查气压,更换抵挡气胎。

(2) 更换抵挡气胎摩擦片。

(3) 修理或更换油马达。

24. 液压大钳只有一个转速故障原因是什么?处理方法是什么?

故障原因:

(1) 无高速时向下连接气路不通。

(2) 无低速时中间连接气路不通。

(3) 气胎损坏漏气。

处理方法:

(1) 检查向下气路、快速排气阀以及座内石墨环,若损坏应更换。

(2) 检查中间气路和快速排气阀,若损坏应更换。

(3) 更换气胎。

25. 液压大钳钳头转速不够故障原因是什么？处理方法是什么？

故障原因：
(1) 液压站压力或排量不够。
(2) 气源压力不足使气胎打滑。
(3) 液压马达或液压手动换向阀内漏损太大。
(4) 气胎离合器摩擦片磨损严重。

处理方法：
(1) 检查液压站压力和排量。
(2) 检查气源压力。
(3) 更换液压马达或手动换向阀。
(4) 更换气胎离合器摩擦片。

26. 液压大钳钳头打滑故障原因是什么？处理方法是什么？

故障原因：
(1) 颚板尺寸和钻具尺寸不符。
(2) 钳牙齿槽内塞满脏污和油泥。
(3) 刹带太松或刹带磨损严重。
(4) 颚板滚子不转。

处理方法：
(1) 更换合适的颚板。
(2) 用钢丝刷清除污物。
(3) 调整或更换刹带。
(4) 检修颚板滚子及销轴，加油润滑。

27. 液压大钳扭矩达不到故障原因是什么？处理方法是什么？

故障原因：
(1) 液压站压力太低或液压站油泵排量不足。

(2) 液压马达或换向阀失效。
(3) 气源压力不足,离合器打滑。
(4) 扭矩表失效。
(5) 气胎离合器摩擦片磨损。

处理方法:
(1) 一般按说明书修理或进厂修理。
(2) 修理或更换液压马达或换向阀。
(3) 检查气源压力。
(4) 修理或更换扭矩表。
(5) 更换气胎离合器摩擦片。

28. 液压大钳液压钳头转动故障原因和处理方法是什么?

故障原因:
(1) 气态离合器摩擦片磨损。
(2) 气源压力不足或没气。
(3) 快速排气阀损坏。
(4) 手动变速阀损坏。
(5) 液压马达或液压换向阀漏损大。
(6) 行星轮变速机构损坏或磨损严重。

处理方法:
(1) 更换摩擦片。
(2) 检查气源。
(3) 修理或更换快速排气阀。
(4) 修理或更换手动变速阀。
(5) 修理或更换液压马达,修理或更换换向阀。
(6) 检查变速箱内传动机构,现场更换或进厂修理。

29. 气动小绞车提升重量不够的原因和处理方法是什么?

故障原因:
(1) 气马达活塞环磨损间隙过大,气体漏失太大。

(2) 进气压力达不到规定要求。

(3) 供气管线不符合规定,管径太小,供气量不足,压力损失大。

处理方法:

(1) 更换活塞。

(2) 增加进气压力。

(3) 按规定安装供气管线。

30. 气动小绞车修理后启动困难的原因和处理方法是什么?

故障原因:

(1) 修理后活塞连杆和壳体装配不干净。

(2) 未挂上离合器。

处理方法:

(1) 拆下气马达,重新清洗干净后再装上。

(2) 扳动离合器手柄挂,上离合器。

31. 气动小绞车气马达运转有异常响声的原因和处理方法是什么?

故障原因:

(1) 连杆小头和大头的磨损间隙过大。

(2) 曲轴的滚动轴承磨损间隙过大。

处理方法:

(1) 更换活塞销、曲轴铜套和圆环。

(2) 更换曲轴滚动轴承。

32. 气动小绞车刹车失灵的故障原因是什么?处理方法是什么?

故障原因:

(1) 刹带过松。

(2) 刹车连杆螺栓脱落。

处理方法：

(1) 调节刹带活端螺栓。

(2) 选合适的螺栓换上。

33. 气动小绞车从内齿圈漏失润滑油故障原因及处理方法是什么？

故障原因：

花键轴油封圈磨损严重或损坏。

处理方法：

更换油封圈。

34. 气动小绞车的气马达过热故障原因及处理方法是什么？

故障原因：

(1) 长时间超负荷运转。

(2) 润滑油不足或变质。

处理方法：

(1) 适当降低起重负荷。

(2) 加足或更换润滑油。

35. 气动小绞车离合器端盖异常发热故障原因及处理方法是什么？

故障原因：

润滑脂不足或变质。

处理方法：

添加或更换润滑脂。

36. 天车、游车滑轮轴承发热温度在 70℃ 以上的原因是什么？处理方法是什么？

故障原因：

(1) 油道堵塞，缺油。

(2) 润滑脂不清洁或变质。

(3) 轴承跑内、外圈。

处理方法：

(1) 疏通油道，注油。

(2) 清洗换油。

(3) 调整或更换轴承。

37. 转盘的常见故障现象、原因和处理方法是什么？

故障现象：

(1) 转盘壳体发热（超过70℃）。

(2) 转盘一边发热。

(3) 转盘径向摆动和轴向跳动。

(4) 转盘旋转时有剧烈的敲击声。

(5) 转盘发热并伴有响声。

故障原因：

(1) 转盘壳体发热（超过70℃）的故障原因：

①转盘油池内缺油。

②转盘油池漏油，油面下降。

③转盘油池内进泥浆或进水，油池内润滑油不干净或变质。

(2) 转盘一边发热的故障原因：

①转盘安装不平。

②转盘偏磨。

③井架天车中心和转盘中心不在同一条直线上。

(3) 转盘径向摆动和轴向跳动的故障原因：主轴承磨损严重导致间隙增大。

(4) 转盘旋转时有剧烈的敲击声的故障原因：

①齿顶齿根无间隙。
②齿轮啮合间隙过大。
③大小齿轮严重损坏。
(5) 转盘发热并伴有响声的故障原因:轴承损坏。

处理方法:
(1) 转盘壳体发热(超过70℃)处理方法:
①向油池内加油。
②采取消除漏油措施或更换转盘。
③立即清洗油池,更换新油。
(2) 转盘一边发热处理方法:
①重新安装。
②校正,找出偏磨原因,清除摩擦。
③校正,使天车和转盘中心在同一条直线上。
(3) 转盘径向摆动和轴向跳动处理方法:修理、重新调整间隙,更换主轴。
(4) 转盘旋转时有剧烈的敲击声的处理方法:
①调节水平轴。
②调整壳体与转盘壳体之间垫片厚度。
③更换转盘。
④转盘发热并伴有响声处理方法:更换轴承。

38. 绞车的刹把刹到最低位置刹不住车的故障原因及处理方法是什么?

故障原因:
(1) 刹带固定销子脱落或刹带断裂。
(2) 刹带片磨损严重。
(3) 刹车毂上有油污或有水。
(4) 刹把的角度不对。

处理方法:
(1) 上好固定销子,更换刹带。
(2) 更换刹带片。
(3) 及时清除刹车毂上的油污和水。
(4) 及时调整刹把刹车角度。

39. 绞车的刹车气缸不灵故障原因是什么?处理方法是什么?

故障原因:
(1) 刹车气缸气压不足或气管线漏气。
(2) 刹把拉杆失灵。
(3) 司钻调压阀不灵活。

处理方法:
(1) 检查气压更换气管线。
(2) 调整刹把拉杆。
(3) 更换司钻调压阀。

40. 绞车未挂离合器猫头轴就转动故障原因及处理方法是什么?

故障原因:
传动轴上滑动链轮铜套发卡。

处理方法:
更换或注油润滑。

41. 大钩提升时有打滑现象故障原因及处理方法是什么?

故障原因:
(1) 离合器中有油污。
(2) 气源压力不够,给气不足。

处理方法：

（1）查出有油污的原因并消除隐患，清除摩擦轮毂上的油污。

（2）检查气路，增加气源压力。

42. 转盘旋转缓慢、转盘或滚筒开动不灵的原因和处理方法是什么？

故障原因：

（1）气路系统有故障，气压不足。

（2）气胎摩擦片磨损严重。

处理方法：

（1）检查气路，增加气源压力。

（2）更换摩擦片。

43. 在无载荷时大钩下降缓慢故障原因及处理方法是什么？

故障原因：

（1）刹车片没离开刹车毂。

（2）刹车片磨刹车毂边缘。

（3）离合器防油护罩压在离合器气囊上。

处理方法：

（1）调节拉杆弹簧。

（2）正确安装刹车片。

（3）拆下防油护罩，调节两者之间的间隙。

44. 绞车挂挡失灵故障原因是什么？处理方法是什么？

故障原因：

（1）拨叉的螺钉脱落。

（2）离合器卡住。

处理方法：

（1）上好螺钉并拧紧。

(2) 清洗或润滑离合器。

45. 绞车润滑油温度超标的故障原因和处理方法是什么?

故障原因:

(1) 无润滑油或润滑系统压力低。

(2) 滤油器管线堵塞。

(3) 润滑油变质。

(4) 旋转零部件卡阻滞涩。

(5) 油池油面过低,油池内油量少,影响散热。

处理方法:

(1) 检查油泵,调整系统压力,使压力达到 $0.2 \sim 0.4$ MPa。

(2) 查找与发热部分相关的管路,排除堵塞。

(3) 清洗、换油。

(4) 找出根源,对症解决。

(5) 补充润滑油到标准位置。

46. 绞车有异常响声故障原因是什么?处理方法是什么?

故障原因:

(1) 链条太松。

(2) 轴承损坏。

(3) 连接件或紧固件松动。

(4) 系统产生共振。

(5) 有异物进入机体内或机体内的零部件脱落发生碰撞。

处理方法:

(1) 调整链条。

(2) 更换轴承。

(3) 找出根源,对症解决。

(4) 改变操作转速,避开共振区。

（5）找出根源，对症解决，此类隐患必须彻底解决排除。

47. 绞车漏油的故障原因是什么？处理方法是什么？

故障原因：

（1）从轴颈处漏油。

（2）从护罩处漏油。

处理方法：

（1）从轴颈处漏油：

①腔内油蒸汽压力过高：检查呼吸阀，消除异物。

②油封损坏：更换油封。

③润滑油太稀：根据季节选用适当的油品。

（2）从护罩处漏油：

①护罩变形：平整护罩。

②密封不良：找出根源，对症解决。

48. XSL 系列气动旋扣器旋扣时达不到额定扭矩的原因和处理方法是什么？

故障原因：

（1）气源压力不足。

（2）气胎离合器漏气。

（3）摩擦片严重磨损。

（4）马达风片磨损。

（5）气胎离合器打滑。

（6）齿轮箱内不清洁。

（7）气管线部分冻结或漏气。

处理方法：

（1）调整气源压力。

（2）检查、更换气胎。

(3) 检查、更换气胎摩擦片。

(4) 检查、更换马达风片。

(5) 及时清除气胎内的油污或钻井液;查找漏油原因并及时处理。

(6) 清除齿轮箱内杂物并清洗齿轮箱。

(7) 为气管线解冻;检查、更换气管线。

49. 旋扣器马达转动有力方钻杆不转的故障原因和处理方法是什么?

故障原因:

(1) 旋扣器马达齿轮脱落。

(2) 旋扣器马达齿轮轴承断裂。

(3) 气胎离合器气管线断或气胎内无气。

处理方法:

(1) 检查安装齿轮。

(2) 检查更换马达或转子。

(3) 检查更换气管线或气胎。

50. 振动筛产生跳动、移动和噪声是什么原因,如何处理?

故障原因:

振动筛底座没有固牢,四角有悬空现象。

处理方法:

将振动筛的底座与罐面固牢,四角垫实。

51. 振动筛跑钻井液的原因是什么,如何处理?

故障原因:

(1) 钻井液黏度太高。

(2) 筛网太细或堵塞。

(3) 筛子数量太少。

处理方法：

(1) 稀释钻井液。
(2) 更换筛网。
(3) 增加筛子数量。

52. 振动筛不能正常排出岩屑的原因是什么？如何处理？

故障原因：

电动机转向错误或电压过低、钻井液黏度太高。

处理方法：

调整电动机转向、恢复电压、稀释钻井液。

53. 旋流器底流为粗固相液流并成绳状排出是什么原因，如何排除？

故障原因：

(1) 固相太多过载。
(2) 底流口调得太小，钻速快。
(3) 旋流器偏小。

处理方法：

(1) 用好上一级固控设备。
(2) 开大底流口，直至喷雾状液流排出。
(3) 增加旋流器或更换较大的旋流器。

54. 液压大钳上卸扣时上钳或下钳打滑故障原因及处理方法是什么？

故障原因：

(1) 钳牙使用时间过长，磨损严重。
(2) 钳牙槽被污物塞满。
(3) 刹带调节过松，上颚板不爬坡。
(4) 制动盘被污染或有油，与刹带打滑。

(5) 钳体没调平。

(6) 钳体没有送到位。

(7) 夹紧气缸或气路其他位置漏气。

(8) 钻杆钳不清洁，颚板架内油垢多，滚子在坡板上打滑不能转动。

(9) 换颚板时，没有更换堵头螺钉。

(10) 钻杆接头外径磨损严重。

(11) 上钳或下钳定位销方向不一致。

(12) 上钳或下钳缺口未对准，将上钳或下钳定位销换向但是还不起作用。

处理方法：

(1) 更换新钳牙。

(2) 用钢丝刷清除污物。

(3) 调节调节筒，或更换筒内弹簧。

(4) 清洗刹带，用松香给刹带打蜡。

(5) 调平钳体。

(6) 将钻杆钳送到底，再夹紧钻杆。

(7) 检查夹紧气缸密封情况或更换密封圈。

(8) 清洗。

(9) 更换合适的堵头螺钉。

(10) 更换上合适的钳牙或颚板。

(11) 按照上卸扣需要，调整定位销方向符合要求，上钳或下钳要调整一致。

(12) 上下钳缺口对准后，再将上钳或下钳的定位销方向调整一致。